Lebendige Sprache
Experimentalphonetische Untersuchungen
herausgegeben von *Wilhelm Horn* und *Kurt Ketterer*/Heft 12

Die Sprache von W. H. Taft

Eine experimentalphonetische Untersuchung

Von

AGATHE ROSENBERG
geb. LUDWIG

Mit 87 Tafeln

Walter de Gruyter & Co.
vormals G. J. Göschen'sche Verlagshandlung — J. Guttentag, Verlagsbuchhandlung — Georg Reimer — Karl J. Trübner — Veit & Comp.
Berlin 1942

Archiv-Nr. 43 20 42
Druck von R. Wagner Sohn in Weimar
Printed in Germany

Inhaltsübersicht

	Seite	Tafel
Vorwort	5	—
Das Material und seine experimentelle Auswertung	5	—
Die phonetischen Zeichen	5	—
Abkürzungen	6	—
Literatur	6	—
Text der untersuchten Schallplatte	7	—
I. Zum Lautsystem des Sprechers	10	—
II. Quantität der Vokale	12	—
Wortlisten		44—49
Historische Längen und Kürzen	12	1—2
Einfluß folgender Konsonanten auf vorhergehende Vokale	13	3—6
Wechsel von vollem Vokal und Reduktionsstufe	14	7
III. Quantität der Konsonanten	14	—
Wortlisten		50—54
Stimmhafte und stimmlose Konsonanten	14	8
Die Dauer intervokalischer Konsonanten in Abhängigkeit vom Stärkegrad der Silbe, die sie anlauten	15	9—14
Abschwächung von nachtonigem p, t, k zu b, d, g	15	15
IV. Zur Sprachmelodie	15	—
Tonhöhen der Silben	15	16
Einsatztonhöhen	16	17—19
Silbenintervalle	17	20
Gruppenintervalle	17	22—23
Projektionsdarstellung der Silbenmelodie	18	24—43
Zusammenfassung	18	—
Intonationskurven mit phonetischer Umschrift und orthographischer Fassung des Textes, Wortbezifferung und Quantitätsangaben		55—87

Vorwort

Der Abhandlung liegt die Schallplatte zugrunde: His Master's Voice, Cat. No. D 823 („records of unique and historical interest ...",. Speech 01172 und 01173). Sie enthält zwei Reden des früheren amerikanischen Präsidenten William Howard Taft, die die Titel tragen: „Who are the people?" und „Labour and Capital". Sie sind beide im Jahre 1912 während seiner Präsidentschaftszeit aufgenommen worden. Es handelt sich um Laboratoriumsaufnahmen, da die Möglichkeit einer direkten Schallaufzeichnung im Versammlungssaal damals noch nicht bestand.

Die Platte wurde mit dem Kettererschen Schreiber auf das Kymographion übertragen. Die Angaben über Grundton und Lautdauer sind den Rußkurven entnommen worden, während die Klangfarbe gehörsmäßig festgestellt wurde; Aussagen über die Amplitude sind nicht gemacht worden. Die Methoden der rechnerischen Auswertung der Rußkurven sind in der „Abteilung zur Erforschung der lebenden Sprache" des Englischen Seminars der Universität Berlin von Dr. habil. Ketterer entwickelt worden.

Die in der Umschrift angewandten phonetischen Zeichen sind folgende:

æ wie in m*a*n	*ei* wie in d*ay*
ɛ wie in f*ir*st	*ai* wie in m*i*ght
ʌ wie in b*u*t	*au* wie in *ou*r
ə wie in oth*er*	*ou* wie in th*o*se
å Zwischenlaut zwischen offenem *ǫ* und velarem *a*	
a velares a	

. (*ị*, *ụ*) bedeutet geschlossener Vokal (wie in w*ea*k oder tr*u*th)
˛ (*į*, *ų*) bedeutet offener Vokal (wie in g*i*ve oder f*o*g)
¯ (*ō*) bedeutet Länge des Vokals (wie in d*oo*r)
˘ (*ŏ*) bedeutet Kürze des Vokals (wie in up*o*n)
˜ (*õ*) bedeutet Nasalierung des Vokals
ł bedeutet velares *l* (wie in a*ll*).

Abkürzungen

cs = Hundertstel-Sekunde.
Hz = Hertz (Zahl der Schwingungen in der Sekunde).
φ = Viertelton. — Ausgangspunkt ist ein Ton von 16 Hz als Viertelton Nr. 0.
n. = numerus, Anzahl der Fälle.
T. = Tafel.
W. = Wortnummer.

Literatur

Über das amerikanische Englisch wurde folgende Literatur benutzt:

Craigie, W. A.: The Study of American English, in: S.P.E. Tract XXVII, S. 200—219. 6. Aufl. — Oxford 1927.

Kenyon, J. S.: American Pronunciation. — Ann Arbor 1935.

Krapp, G. Ph.: The Pronunciation of Standard English in America. — New York 1919.

Kurath, H.: American Pronunciation, in: S.P.E. Tract XXX, S. 279—297. — Oxford 1928.

Larsen, Th., Walker, F. C.: Pronunciation. A practical Guide to American Standards. — London 1930.

Palmer, H. E., Martin, J. V., Blandford, F. G.: A Dictionary of English Pronunciation with American variants.. — Cambridge 1926.

Text der untersuchten Schallplatte

(mit Angabe und Zählung der Atemgruppen)

Who are the People?

1/ I cannot think that the American people 2/ after the scrutiny and education of this campaign, 3/ during which they will be able to see through the fog of misrepresentation and demagoguery, 4/ will fail to recognise that the two great issues 5/ which are here presented to them are: 6/ first, 7/ whether we shall retain 8/ on a sound and permanent basis 9/ our popular constitutional, 10/ representative form of government, 11/ with the independence of the judiciary 12/ as necessary to the preservation of those liberties 13/ that are the inheritance of centuries; 14/ and second, 15/ whether we shall welcome prosperity, 16/ which is just at our door, 17/ by maintaining our present economic business basis 18/ and by the encouragement of business expansion and progress 19/ through legitimate use of capital.

20/ May we not hope 21/ that the great majority of voters 22/ will be able to distinguish 23/ between the substance of performance 24/ and the fustian of promise, 25/ that they may be able to see 26/ that those who would deliberately stir up discontent 27/ and create hostility towards those who are conducting legitimate 28/ business enterprises 29/ and who represent the business progress of the country, 30/ are sowing dragon's teeth?

31/ Who are the people? — 32/ They are not alone the unfortunate and the weak. 33/ They are the weak and the strong, 34/ the poor and the rich, 35/ and the many who are neither, 36/ the wage-earner and the capitalist, 37/ the farmer and the professional man, 38/ the merchant and the manufacturer, 39/ the store-keeper and the clerk, 40/ the railroad-manager and the employee. 41/ They all make up the people, 42/ and they all contribute 43/ to the running of the government, 44/ and they have not, any of them, 45/ given into the hands of any one 46/ the mandate to speak for them 47/ as peculiarly 48/ the people's representative. 49/ Especially does not he represent them 50/ who, 51/ assuming 52/ that only the people 53/ are the discontented, 54/ would stir them up against the remainder of those 55/ whose government 56/ alike 57/ this is.

58/ In other campaigns before this 59/ the American people have been confused and misled 60/ and diverted from the truth 61/ and from a clear perception of their welfare 62/ by specious appeals to their prejudices 63/ and their misunderstanding.

64/ But the clarifying effect 65/ of a campaign of education, 66/ the pricking of the bubbles of demagogic promise, 67/ which the discussions of a campaign made possible, 68/ have brought the people to a clear perception of their own interests 69/ and to a rejection of the injurious nostrum 70/ that in the beginning of the campaign, 71/ it was then feared, 72/ they might embrace 73/ and adopt.

74/ So, 75/ may we not expect in the issues which are now before us 76/ that the ballot-cast in November 77/ shall show a prevailing majority in favour of sound progress, 78/ trade prosperity upon a protective basis 79/ and under true 80/ constitutional 81/ and representative rule 82/ by the people!

Labour and Capital.

1/ Organisation 2/ has become a feature 3/ of modern life. 4/ The organisation of Capital 5/ has reduced the cost of production, 6/ and has therefore contributed greatly to the material prosperity of the world. 7/ Organisation of Labour 8/ has undoubtedly bettered the conditions 9/ and raised the wages of Labour.

10/ But in the power which organisation has placed in the hands of particular individuals 11/ it would be unreasonable to expect 12/ that there should not be temptation 13/ to abuse 14/ and oppression. 15/ When they are yielded to by the few, 16/ as compared with the many exposed to them, 17/ and the law is violated, 18/ it's no reason for hysteria 19/ or a destruction of the whole social order. 20/ It's no reason for giving up the system of private property 21/ or forbidding the formation of corporations 22/ or preventing the organisation of Trade Unions. 32/ It's no ground for the advocacy of Socialism.

24/ We must take up the abuses in the good old Anglo-Saxon way: 25/ adjust our statutory remedies to the fitness of the thing, 26/ place our confidence in the public servants who show themselves 27/ alive to public need, 28/ and courageous and energetic enough to prosecute the offenders to conviction. 29/ We must not paralyse their efforts 30/ by loudly suggestive suspicions 31/ of their good faith, 32/ until there's some just foundation 33/ for such suspicion.

34/ It's too often the custom 35/ to characterise a man as a corporation man, 36/ or an anti-corporation man, 37/ or a labour man, 38/ or an anti-labour man. 39/ This is unjust; 40/ for most men in American public life 41/ are neither, 42/ and wear no livery.

43/ It will indeed be an evil day in this country 44/ when the servants of the people 45/ are not generally admitted to be impartial 46/ between rich and poor, 47/ recognising the value of organisation of Labour and Capital, 48/ but favouring a policy which shall banish the abuses 49/ and oppression of organisation 50/ in whatever interests.

51/ The truth is 52/ that nine-tenths of the people of this country 53/ are neither in favour of a poor man, because he is poor, 54/ or a rich man, because he is rich. 55/ They are in favour of all the people and the extending of an equal protection of the law 56/ to all people. 57/ They are in favour of protecting the rights of the corporation or labour organisation, 58/ as representing only a number of people united together 59/ for a common and lawful object, 60/ exactly as they would protect the rights of the individual. 61/ And on the other hand 62/ they are in favour of protecting the rights of the individual against the organisation, 63/ whether of Capital or Labour, 64/ whenever it uses its aggregation of power 65/ for unjust competition 66/ or unjust interference 67/ with the rights 68/ of the less powerful individual.

I. Zum Lautsystem des Sprechers

Die Vereinigten Staaten von Amerika werden in sprachlicher Hinsicht in drei Hauptgebiete eingeteilt: das westliche, das östliche und das südliche Gebiet.

W. H. Taft stammt aus einer Juristenfamilie aus Cincinnati, Ohio. Er studierte an der Yale University in New Haven, Connecticut (in New England), und in seiner Heimatstadt die Rechte. Ohio, die Heimat Tafts, in der er auch lange gelebt hat, gehört zu dem westlichen Sprachgebiet.

Die Sprache Tafts weist Abweichungen vom Hochenglischen auf, die zum Teil allgemein amerikanisch und zum Teil westlich sind; östliche Einschläge sind spärlich.

Dem britischen kurzen *ǫ*, das in Amerika im Osten vorkommt[1]), entspricht im Westen der Vokal in „father", nur ist er kürzer. Diese Aussprache ist in der vorliegenden Untersuchung in 27 Fällen zu belegen, während *o* nur in 17 Fällen auftritt.

„*A*fter" (W. 8) und „c*a*st" (W. 422) haben *æ*: *æftə, kæst.*

Nur geringe diphthongische Qualität haben die im britischen Englisch als Diphthonge auftretenden Laute in: lay, gave, low, grove. Beispiele für *ę̄* in: able (W. 21), great (W. 38), retain (W. 51); für *ǭ* in: hope (W. 122), voters (W. 128), sowing (W. 180). Die Diphthongierung ist im Westen geringer als im Osten[2]).

Der Gebrauch des einfachen Vokales *ų* neben *jų* nach Dental, wie er im Westen und Osten vorkommt[3]) (im Hochenglischen nur nach *s*-), begegnet in: „ass*u*ming" (W. 288) und „constit*u*tional" (W. 444); daneben steht *jų* in „constit*u*tional" (W. 60) und in 14 anderen Wörtern. In schwachbetonten Mittelsilben dagegen, wie in „ed*u*cation", ist nach Kurath das *j* oder der daraus entstandene Laut *š* oder *ž* immer erhalten. Diese Feststellung läßt sich bei Taft in 11 Fällen belegen, von denen drei eine Abschwächung des *ų* zeigen:

---

1) Kurath S. 285, Nr. 10.

2) Kurath S. 287, Nr. 7 und 289, Nr. 8

3) Kurath S. 287, Nr. 5.

ędžikeišən (W. 12), *ędjikeišən* (W. 353) und *stætšətori* (W. 605). In zwei mehrsilbigen Wörtern ist dagegen *j* nicht erhalten: *mænəfækt-šure* (W. 229) und *kəntribitid* (W. 472).

In dem Worte „te*mpt*ation" (W. 520) artikuliert Taft das *p*, das als mittlerer von drei Konsonanten im allgemeinen ausfällt. Kurath[1]) gibt die Beispiele „empty" und „glimpse" und sagt, daß der Verschlußlaut nach Nasal vor folgendem Konsonant allgemein deutlich artikuliert wird.

Für die Artikulation des *r* im Auslaut und vor Konsonant — Beispiele: he*r*e (W. 42), a*r*e (W. 46), fi*r*st (W. 47), *fo*rm (W. 62) — ist zu bemerken: orthographisches *r* im Auslaut ist in 62 Fällen, die nicht vor einem Vokal des folgenden Wortes stehen, artikuliert; das Hinüberziehen von *r* vor Vokal, *r*- linking, hat in 35, d. i. in allen überhaupt möglichen, Fällen stattgefunden. Vor Konsonant ist das *r* in 11 von 17 orthographischen Fällen artikuliert worden.

In den folgenden Einzelfällen stimmt die Aussprache Tafts mit den Angaben von Kurath[2]) überein: das Wort „cle*r*k" (234) hat den „first-Laut"; nach Kurath reimt es auf *lurk*. — „N*ei*ther" (W. 213, 697 und 767) hat den Vokal *ī*.

Die Aussprache von „issue" mit *š* an Stelle des im britischen Englisch jetzt üblichen *sj* verzeichnet Kurath für das amerikanische Englisch. Bei Taft findet sich eine Kombination beider Aussprachen in *išjuz* (W. 39 und W. 413), die auch in England vorkommt.

Für das westliche Sprachgebiet bezeugt Kurath[3]) eine gewisse Monotonie der Stimme und Nasalierung der Vokale („nasal twang"). Beides sind mehr ländliche Erscheinungen, die in den Städten allmählich verschwinden, aber sie brechen beide bei Taft gelegentlich durch.

Er spricht einige sehr lange monotone Sprechtakte, z. B. am Anfang der ersten Rede (W. 8—15, 16—30): / after the scrutiny and education of this campaign / during which they will be able to see through the fog of misrepresentation and demagoguery / oder in der zweiten Rede (W. 738—750): / but favouring a policy which shall banish the abuses / and oppression of organisation. /

Die Nasalierung erscheint sechsmal in folgenden Wörtern: cõnstitutional (W. 60), strõng (W. 202), cõnstitutional (W. 444), fõrmation (W. 573), cõnfidence (W. 615), cõmpetition (W. 877).

---

[1]) Kurath S. 284, Nr. 7.
[2]) Kurath S. 284, Nr. 8.
[3]) Kurath S. 288, Nr. 9.

II. Quantität der Vokale

(Wortlisten Tafel 44—49)

Historische Längen und Kürzen

Tafel 1. — Die Tafel ist infolge der amerikanischen Herkunft des Sprechers in der Klangfarbe etwas abweichend gestaltet von den bisherigen dieser Schriftenreihe.

Die kurzen palatalen Vokale stimmen überein mit dem Standard-Englisch.

Unter dem Zeichen für den Laut ʌ sind 5 Varianten zusammengefaßt gegenüber nur 2—3 im britischen Englisch. Besonders bemerkenswert ist die Vertretung von me. kurzem *u* (als der historischen Quelle des ʌ-Lautes) durch offenes *ǫ* und durch einen dunklen Zentralvokal, der im großen und ganzen mit dem englischen „first-Laut" identisch ist (vgl. Wortliste Tafel 46). Das amerikanische Englisch setzt also besonders stark die dunkle Klangfarbe des *u* fort.

Unter dem Zeichen *o* sind auch die vielen Fälle zusammengefaßt, darunter solche mit besonders hohem Grundton, in denen das britische kurze offene *ǫ* durch *å* ersetzt worden ist (vgl. Wortliste Tafel 46 u. 47). *ǫ̆* hält sich in einem mittleren Bereich des Grundtons.

Das lange *a*: fehlt in der Zusammenstellung, da es in Wörtern wie „after" (W. 8) und „cast" (W. 422) auf der älteren Stufe des *æ*: stehen geblieben ist.

Unter 3: sind einige Fälle des vor *r* entstandenen Zentralvokals aufgeführt, in denen das folgende *r* entweder verstummt ist oder zur nächsten Silbe gehört. Hier scheint Einfluß der englischen Hochsprache vorzuliegen, wie auch in amerikanischen Filmen zu beobachten ist, daß die Schauspieler häufig das im Auslaut und vor Konsonant artikulierte *r* als krassen Amerikanismus vermeiden.

Zur *r*-Frage ist ferner zu bemerken, daß das *r* auf den Aufzeichnungen als periodisch gegliederter Vokal ohne Amplitudenschwankung erscheint. Aus diesem Grunde sind die Gruppen *er*, *ar*, *or* und *ɛr* auf Tafel 1 als Diphthonge behandelt worden. Zu diesen Gruppen sind die wenigen Fälle hinzugenommen worden, in denen wie im britischen Englisch die Diphthonge *eə*, *aə* und *oə* erscheinen (vgl. Wortliste Tafel 49). — Der Obertonreichtum des Kettererschen Schreibers gestattet in vielen Fällen die Trennung der beiden Elemente der *r*-Verbindungen (vgl. Melodiekurven, Tafeln 55—87). Die Behauptung Gemellis, dieser Schreiber registriere nur den Grundton, ist unzutreffend, wie die von Baader und Zwirner veröffentlichten Proben eindeutig beweisen.

Während sich die langen Vokale und Diphthonge in den Größenverhältnissen der englischen halten, sind die kurzen Vokale im Vergleich mit den bisher behandelten britischen Sprechern etwas länger. Dies hängt zweifellos mit der stärkeren Verlagerung der physiologischen Tätigkeit auf die betonten Vokale zusammen, die wir im amerikanischen Englisch auch gehörsmäßig mehrfach festgestellt haben. Dabei fällt auf, daß die dazugehörigen Melodiekurven einen ebeneren Verlauf haben als die entsprechenden englischen. Es wird Sache weiterer Forschungen sein, auch unter Berücksichtigung der Steigung der Amplitudenkurve Melodie und Druckverlauf der amerikanischen Tonvokale mit den entsprechenden englischen Akzentqualitäten zu vergleichen. — Grundsätzlich beobachten wir wie im Englischen die Gegenüberstellung von historischen Längen und Kürzen und die mehr oder weniger deutliche Ausprägung des Eigendauergesetzes der Vokale. — Die Diphthonge sind in den isolierten Spitzenwerten und teilweise auch in den Mindestwerten länger als die einfachen langen Vokale. — Die *r*-Verbindungen teilen in dieser Hinsicht sämtliche Eigentümlichkeiten der *i*- und *u*-Diphthonge, ein Beweis für die Richtigkeit ihrer Zusammenstellung mit diesen.

Tafel 2. — Den Extremwerten der Vokalquantität sind wie in den bisherigen Untersuchungen zweigipflige und verhältnismäßig ebene Typen der Silbenmelodie zugeordnet. Wo die Zweigipfligkeit auch gehörsmäßig wahrnehmbar ist, wurde das durch Doppelschreibung des Vokals angedeutet (vgl. W. 443 und W. 447). Stellenweise ist sogar ein leichtes Vibrato im Verlauf der Melodiekurve zu erkennen.

Einfluß folgender Konsonanten auf vorhergehende Vokale

Tafel 3. — Der Einfluß der Konsonanten auf den vorhergehenden Vokal ist insofern vorhanden, als vor stimmhaften Spiranten und vor stimmhaften Explosivlauten wesentlich höhere Quantitätswerte erscheinen als vor stimmlosen Spiranten und vor stimmlosen Explosivlauten. Die Tatsache, daß vor Nasal die historische Kürze weit über den Betrag der historischen Länge gedehnt werden kann, ist ebenfalls in mehreren Arbeiten über englische Sprecher verzeichnet worden. Die bereits erwähnte Dehnung der historischen Kürzen unter dem spezifisch amerikanischen Akzent bewirkt aber, daß bei der vorliegenden Auswahl der Fälle im Gegensatz zum britischen Englisch auch vor stimmloser Explosiva und vor stimmhaften Spiranten die Längen von den Kürzen überragt werden.

Tafel 4—6. — Im einzelnen ist die Quantitätsverteilung der Vokale und Diphthonge vor stimmhaften und stimmlosen Konsonanten im Innern und am Ende der Atemgruppe den Tafeln 4—6 zu entnehmen.

Mit wenigen Ausnahmen bestätigt sich die Gültigkeit der für das britische Englisch getroffenen Feststellungen über den Einfluß der folgenden Konsonanten sowie der Takteinteilung.

Wechsel von vollem Vokal und Reduktionsstufe

Tafel 7. — Die Zusammenstellung enthält einige Wörter, die einen Wechsel von vollem Vokal und Reduktionsstufe bieten.

Die Reduktionsstufe kommt zwar auch vereinzelt in Verbindung mit längeren Quantitäten vor, im allgemeinen aber gilt das Gesetz, daß die Mindestwerte der Quantität der Reduktionsstufe vorbehalten sind. Die besonders starke Ausprägung dieser Erscheinung im Amerikanischen dürfte auf die bereits erwähnte physiologische Vernachlässigung der unbetonten Silben zurückgehen. Es bleibt nicht bei einer Verkürzung des Zeitintervalls, während dessen die Stimmbänder angeblasen werden, sondern es erfolgt auch eine Wegersparnis bei der Zungenbewegung; denn das *ə* hat, wie Russels Röntgenaufnahmen beweisen, eine weitaus niedrigere Zungenstellung als die vollen Vokale.

III. Quantität der Konsonanten

(Wortlisten Tafel 50—54)

Stimmhafte und stimmlose Konsonanten

Tafel 8. — Die Dimensionen des Taftschen Quantitätssystems stimmen mit denjenigen der englischen Politiker völlig überein. Die besonders scharfe Trennung der Quantitätsbereiche von stimmhaften und stimmlosen Spiranten ist bei *s* und *z* durchbrochen. — Quantität und Spannung der Konsonanten entsprechen der Alltagssprache; die rhetorischen Veränderungen werden ausschließlich durch die Gestaltung der Vokalklänge erzielt. Dieselbe Erscheinung finden wir mit Ausnahme von Lloyd George bei allen englischen Politikern. Sie kennzeichnet eine gewisse Natürlichkeit und Ungezwungenheit der englischen politischen Rhetorik in starkem Gegensatz etwa zu romanischen Verhältnissen.

Die Dauer intervokalischer Konsonanten in Abhängigkeit vom Stärkegrad der Silbe, die sie anlauten

Tafel 9—14. — Die Abhängigkeit der Dauer des Konsonanten vom Stärkegrad des folgenden Vokals ist, wenn auch in etwas schwächerer Ausprägung, ebenso wie im britischen Englisch zu beobachten. In auffallendem Gegensatz zum Vernerschen Gesetz bestimmt der Druck, der auf dem folgenden Vokal liegt, die phonetischen Qualitäten des vorhergehenden Konsonanten. Hier zeigt sich die zu erwartende Strukturübereinstimmung von Amerikanisch und Englisch.

Abschwächung von nachtonigem *p*, *t*, *k* zu *b*, *d*, *g*

Tafel 15. — Die Tafel ist folgendermaßen angelegt: Auf der Abszisse steht die Dauer des Konsonanten, auf der Ordinate die absolute Anzahl der Fälle. — Unter *p* ist das nachtonige *p* aufgeführt, soweit es erhalten ist, unter *b* das nachtonige *b*, und unter *p* > *b* sind diejenigen *p* registriert, die in Abweichung vom Englischen zu *b* erweicht sind; ebenso wurde bei *t*, *d* und *k*, *g* verfahren.

Die bekannte Abschwächung von *p*, *t*, *k* zu *b*, *d*, *g* unmittelbar hinter Starkdruck geht darauf zurück, daß die von *p*, *t*, *k* angelauteten Silben in *ápa*, *áta*, *áka* als Ganzes schwächer artikuliert werden. In diesem Lautwandel offenbart sich somit die bereits anderwärts belegte starke Konzentration des Drucks auf die starkbetonte Silbe. Die Erweichung von *p*, *t*, *k* tritt unter den dargestellten Bedingungen auch im britischen Englisch in Mundarten und in der älteren Hochsprache auf[1]). Im Cockney geht die Abschwächung bis zum völligen Ausfall des Konsonanten, von dem nur der „glottal stop" übrigbleibt. Als Wirkung eines besonders starken dynamischen Rhythmus dürfte auch derselbe Vorgang im Altfranzösischen eingetreten sein. Analoge Vorgänge sind auch in niederdeutschen Mundarten zu beobachten.

IV. Zur Sprachmelodie

Tonhöhen der Silben

Tafel 16. — Infolge der starken Forcierung der Stimme benutzt der Sprecher einen verhältnismäßig engen Frequenzbereich. Die Spitzen der arithmetischen Mittelwerte drängen sich im Bereich von φ 74—φ 82, d. h. innerhalb von 2 Ganztönen zusammen. Hier liegen

[1]) Horn, Archiv für das Studium der neueren Sprachen 177, 91.

nahezu 60 % der arithmetischen Mittelwerte der Silben. Unterhalb und oberhalb dieses Gebietes fällt die Kurve steil ab.

Ein ähnliches Bild bieten Maxima und Minima sowie Einsatz- und Absatztonhöhen. Die Absätze sind gegenüber den Einsätzen etwas nach oben verlagert, ein Symptom für ein leichtes Überwiegen des Steigtons über den Fallton bei unserem Sprecher.

Vom Standpunkt der Sprechkunst aus läßt sich sagen, daß als Kriterium für die Güte eines sachlichen Prosavortrages Frequenzbereich und Steigung der Häufigkeitskurve entweder sämtlicher benutzter Grundfrequenzen oder, wie im vorliegenden Fall, der arithmetischen Mittelwerte angesehen werden dürfen. Je höher die Spitzenwerte und je schmaler der Frequenzbereich ist, desto größer ist die Steigung der Häufigkeitskurve und damit auch die Monotonie des Vortrages.

Einsatztonhöhen

Tafel 17—18. — Auf Tafel 17 sind die vom Sprecher benutzten Typen der Silbenmelodie und ihre Einsatzpunkte verzeichnet. Seine Akzentuierung erscheint in auffallendem Grade vereinfacht. Zweigipflige Typen fehlen beinahe ganz, und einfach steigende oder einfach fallende Melodie überwiegt bei weitem. Daneben findet sich in größerem Umfange die steigende und die fallende Gipfelkurve.

Von der im Englischen vielfach stark ausgeprägten Bevorzugung des oberen Frequenzbereiches beim Ansatz von Fallton und des unteren beim Ansatz von Steigton sind nur mäßige Spuren vorhanden, im Prinzip ist die Erscheinung jedoch nachzuweisen (vgl. Tafel 18).

Tafel 19. — Interessante Aufschlüsse über den Einfluß der Konsonanten auf die Höhe des Stimmeinsatzes bei den folgenden Vokalen gibt Tafel 19. Unter „self-releasing", d. h. Selbstauslösung nach der Terminologie von Stetson, sind zunächst die Einsatztonhöhen derjenigen Vokale wiedergegeben, welche gar keine Konsonanten vor sich haben. Es handelt sich dabei überwiegend um taktanlautende Vokale. Ihre Masse liegt weit unter allen anderen Gruppen, bei denen ein Konsonant dem Vokal vorangeht.

Zu den früheren Feststellungen passen auch die Verhältnisse nach stimmhaften und stimmlosen Konsonanten, insofern als sowohl die Maxima und Minima als auch die Kerngebiete der Einsätze nach stimmlosen Konsonanten erwartungsgemäß höher liegen als nach stimmhaften.

Nach Nasal und Liquida stimmen die tiefen Mindestwerte und die starke Belegung des unteren Frequenzbereichs mit den bisherigen Beobachtungen überein. Mehrere sehr hoch liegende Einsätze stammen überwiegend aus sehr stark herausgehobenen Tonsilben.

Silbenintervalle

Tafel 20a. — Die Silbenintervalle sind außerordentlich klein. Dies geht auf die Schnelligkeit des Sprechtempos und die große Anzahl von Silben zurück, die infolge des komplizierten Periodenbaues der Rede in einer Atemgruppe zusammengefaßt werden. Die Silbenzahl der Atemgruppen ist, für beide Reden getrennt, auf Tafel 21 dargestellt worden. Während auf der Plattenseite „Who are the People?“ die Anzahl der Silben im Kerngebiet zwischen 3 und 15 schwankt und höhere Werte kaum vertreten sind, zeigt „Labour and Capital“ eine erheblich unregelmäßigere Gestaltung der Silbenzahl und stärkere Vertretung von 13—25 Silben innerhalb einer Atemgruppe.

Tafel 20b. — Wie bereits an anderer Stelle gezeigt worden ist, überwiegen bei Taft die Intervalle mit steigender Hauptrichtung um ein weniges die fallenden.

Gruppenintervalle

Unter Gruppenintervall verstehen wir wie in den Vorarbeiten das Intervall zwischen der höchsten und tiefsten Frequenz der Atemgruppe.

Auf Tafel 22 ist der Tonhöhenabstand von der tiefsten bis zur höchsten Frequenz der Atemgruppe als Strecke auf der Ordinate aufgetragen; ihm folgt parallel in 5 mm Abstand das Intervall der nächsten Atemgruppe usw.

Auf Tafel 23 sind die absoluten Beträge des Gruppenintervalls ebenfalls in zeitlicher Reihenfolge hintereinander aufgetragen. Durch die Pfeile sind die Abschnitte markiert, in welche der Herausgeber der beiden Reden diese dem Sinn nach gegliedert hat. Wir bemerken rein tonhöhenmäßig, daß diesen Abschnitten meistens auch eine starke melodische Zäsur entspricht. — Im Vergleich mit Kunstsprechern ergibt sich eine gewisse Stetigkeit in der Änderung des Stimmumfangs der Atemgruppe.

Auf Tafel 23 unten haben wir die bereits beschriebenen Silbenintervalle und daneben (gestrichelt) die Häufigkeitsstatistik über die Gruppenintervalle. Die letzteren gruppieren sich in der bisher bei Prosasprechern beobachteten Art und Weise um wenige Spitzenwerte.

Projektionsdarstellung der Silbenmelodie.

Die Tafeln 24—43 bieten die Projektionsdarstellung der Silbenmelodie nebst Einsatzkurve in Kombination mit der Kurve der Maxima und Minima, welche die Frequenzbreite des Grundtons als schwarzes Band darstellt. Die Einzelheiten dieser Darstellungsweise sind in den früheren Arbeiten des öfteren erörtert worden.

Wie aus der Betrachtung der einzelnen Atemgruppen hervorgeht, wechselt genau wie im Englischen Höher- und Tieferlegung der „unbetonten" Silbe. Die Höherlegung der „unbetonten" Silbe ist besonders im unabgeschlossenen Sprechtakt zu Hause; sie kann aber auch auf speziellen Affekten beruhen, wie sie sich z. B. in stark polemischen Abschnitten zeigen (vgl. W. 354—361: the pricking of the bubbles of demagogic promise . . .). Ähnliche Verhältnisse sind in der Arbeit von H. Blasche[1]) ausführlicher analysiert worden.

Es fällt ferner auf, daß die Frequenzbänder um so schmaler werden, je mehr Silben die Atemgruppe enthält. — Für die Tonhöhe gilt eine gewisse Verflachung bei langen Atemgruppen. Dies ist jedoch keine mechanische Regel. Wo ein besonderes Ausdrucksbedürfnis vorliegt, finden wir auch lange Atemgruppen mit starker Melodiebewegung (vgl. Tafel 37 und 41).

Zusammenfassung

1. Die gehörsmäßige Bestimmung der Klangfarbe zweier Reden des amerikanischen Präsidenten W. H. Taft ergab außer den gemeinamerikanischen Eigentümlichkeiten einen starken Einschlag der westlichen Aussprache.

2. Im Zusammenhang mit einer deutlichen Verlagerung der physiologischen Tätigkeit auf die „betonten" Silben beobachten wir im Verhältnis zum britischen Englisch eine Dehnung der kurzen Vokale.

3. Das Konsonantensystem zeigt die germanische Abhängigkeit des Konsonanten von der Druckstärke des auf ihn folgenden Vokals.

Die Druckverstärkung der betonten Silbe gegenüber dem Englischen wirkt sich dahin aus, daß die unbetonte Silbe, welche auf eine betonte folgt, auch in ihrem anlautenden Konsonanten abgeschwächt wird (*ápa* > *ába*, *áta* > *áda* und *áka* > *ága*).

4. Das Stimmbild Tafts und das von einem anderen Mitarbeiter hergestellte Stimmbild Hardings sind ungewöhnlich eng im Frequenzbereich und hoch in den Spitzenwerten. Die daraus resultierende

[1]) Vgl. Lebendige Sprache, Heft 4.

starke Steigung der Häufigkeitskurve der Grundfrequenz kennzeichnet die melodische Monotonie der beiden Sprecher. Spätere Untersuchungen müssen zeigen, wieweit dies als amerikanische Eigentümlichkeit gelten darf. H. Kurath beschreibt jedenfalls die westliche Aussprache in diesem Sinne.

Was die kraftvolle und unverbindliche Sprechweise der Amerikaner melodisch vom Englischen unterscheidet, ist besonders auch das Fehlen des gefühlswarmen tiefeinsetzenden, zweigipfligen Steigtons in der letzten betonten Silbe des weiterweisenden Sprechtakts, eine Erscheinung, die im britischen Englisch bei dem soldatischen Lord Roberts im Gegensatz zu den Berufspolitikern hervorgehoben wurde.

Bei den Silbenintervallen sind die niedrigen Werte außerordentlich stark vertreten, was auf das schnelle Sprechtempo zurückgehen dürfte. — Als Sprache mit dynamischem Akzent kennzeichnet sich das Amerikanische dadurch, daß im allgemeinen die großen Silbenintervalle den betonten Silben und die kleinen den unbetonten zugeordnet sind. Hierin stimmt es mit dem Deutschen und dem Englischen überein.

TAFEL 1

Quantitätsbereiche der Vokale und Diphthonge.

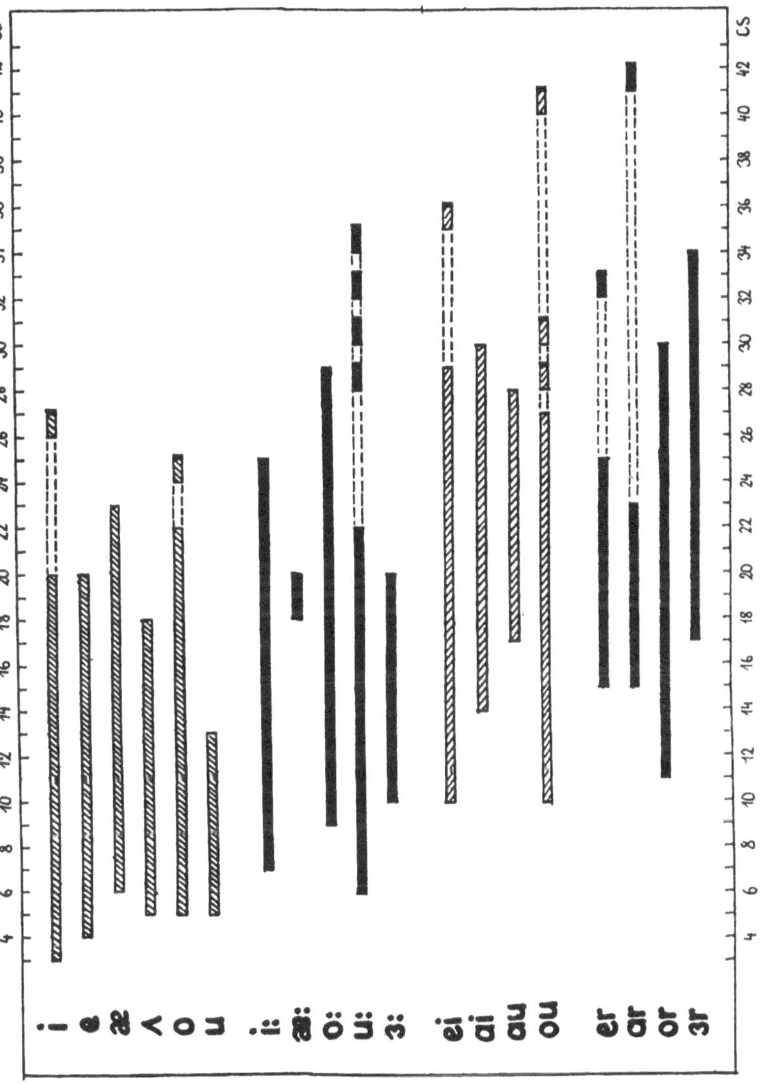

Extremwerte der Vokalquantität.

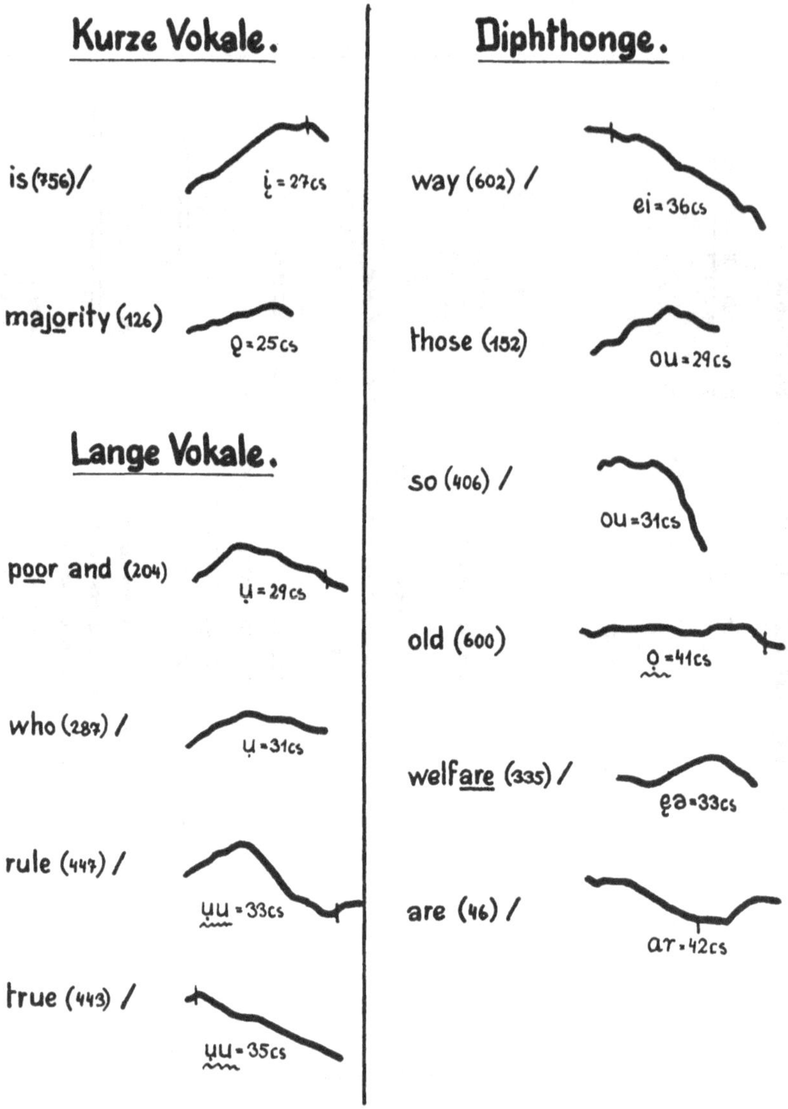

Man beachte den Zusammenhang mit der Stellung am Ende der Atemgruppe sowie die geringe Änderung des Melodieverlaufs

Quantitätsbereiche der historischen Kürzen und Längen bei lexikalisch gedeckter Stellung in einsilbigen Wörtern.

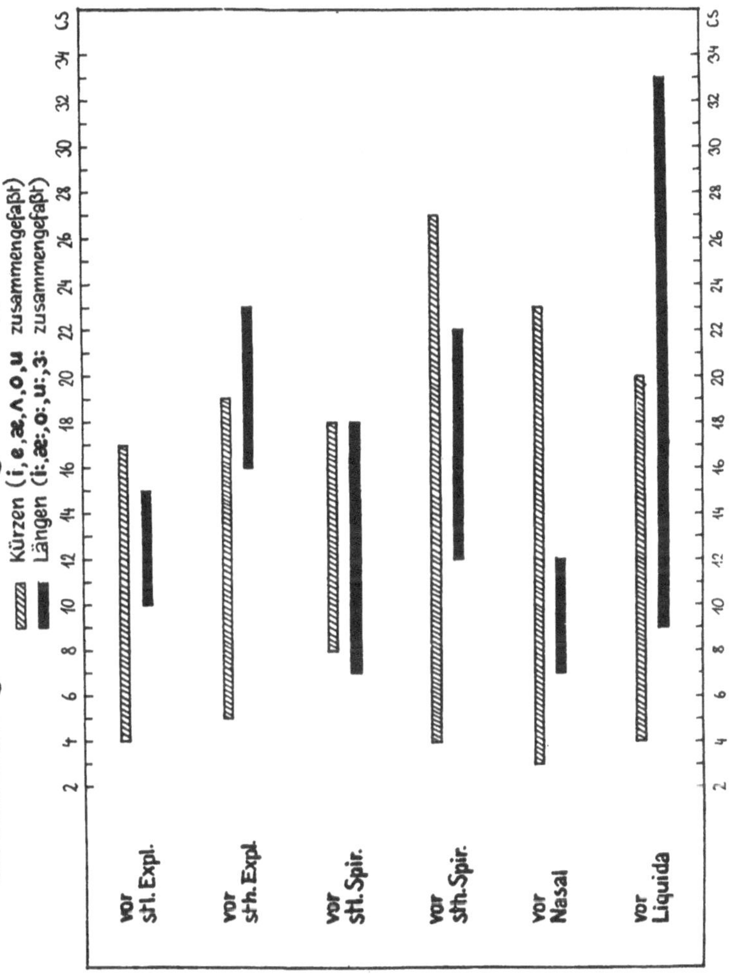

Quantitätsverteilung der Vokale und Diphthonge vor stimmhaften und stimmlosen Konsonanten im Innern und am Ende der Atemgruppe.

vor stl. Lauten. im absoluten Auslaut der Atemgruppe.
vor sth. Lauten

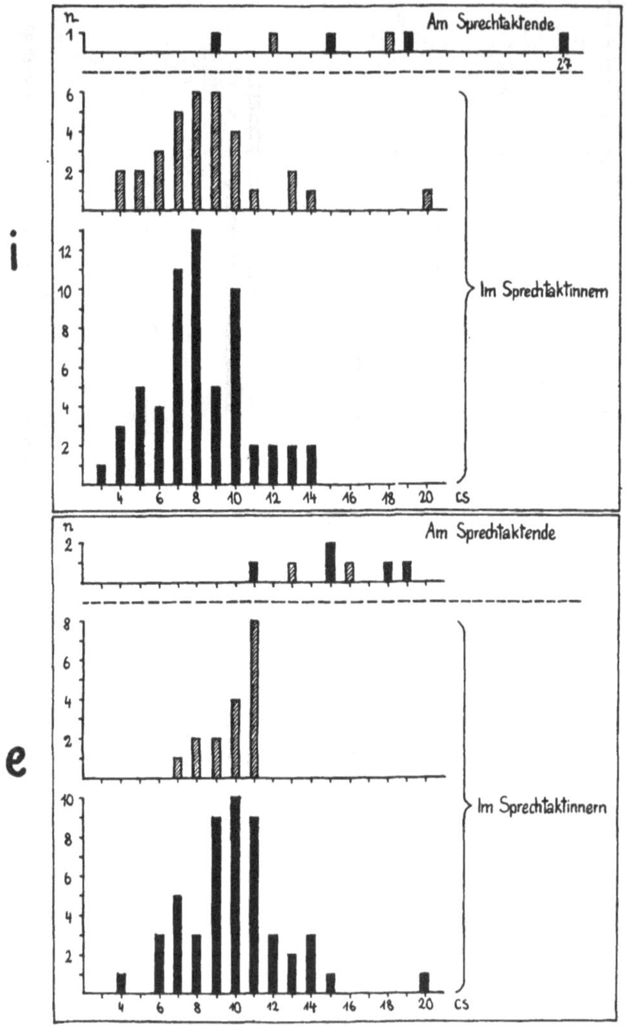

TAFEL 5

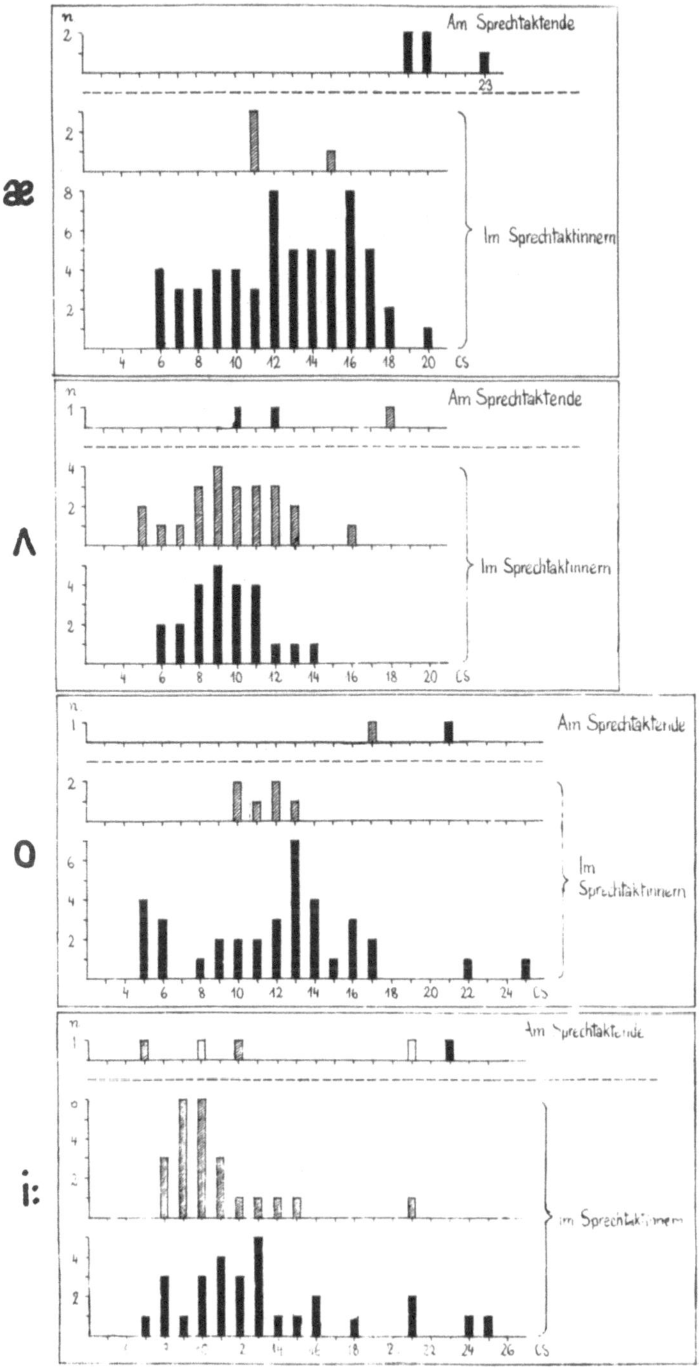
æ
Am Sprechtaktende
Im Sprechtaktinnern
ʌ
Am Sprechtaktende
Im Sprechtaktinnern
o
Am Sprechtaktende
Im Sprechtaktinnern
i:
Am Sprechtaktende
Im Sprechtaktinnern
cs

TAFEL 6

Wechsel von vollem Vokal und Reduktionsstufe in Formwörtern.

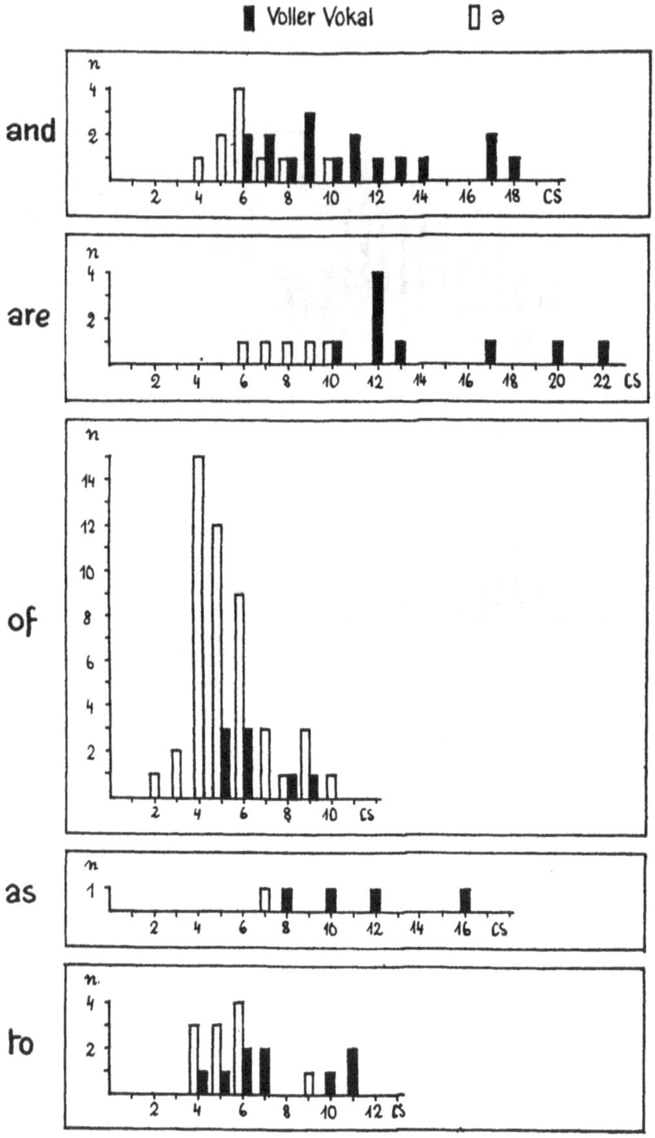

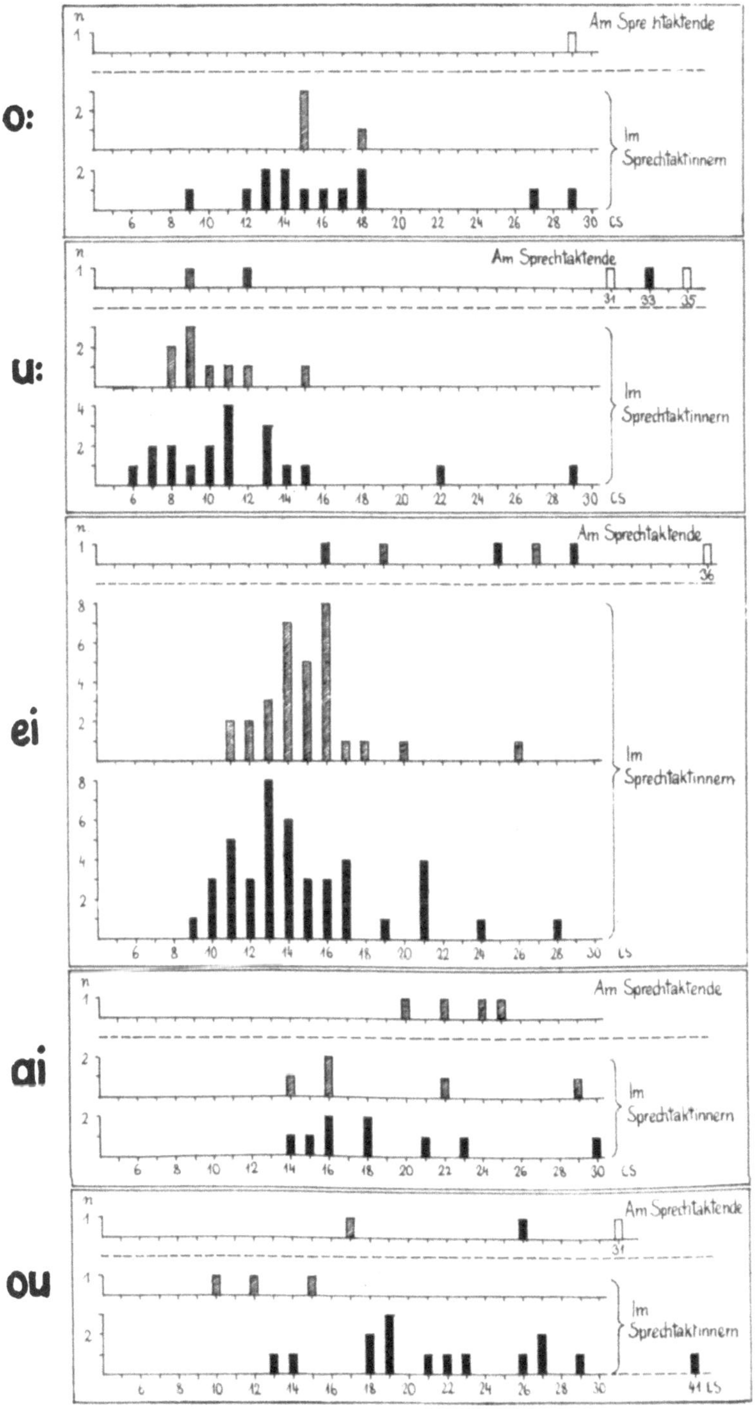
o:
u:
ei
ai
ou
n
Am Sprechtaktende
Im Sprechtaktinnern
6 8 10 12 14 16 18 20 22 24 26 28 30 cs
31 33 35
36
41 cs

TAFEL 8

Quantitätsverteilung stimmhafter und stimmloser Konsonanten.

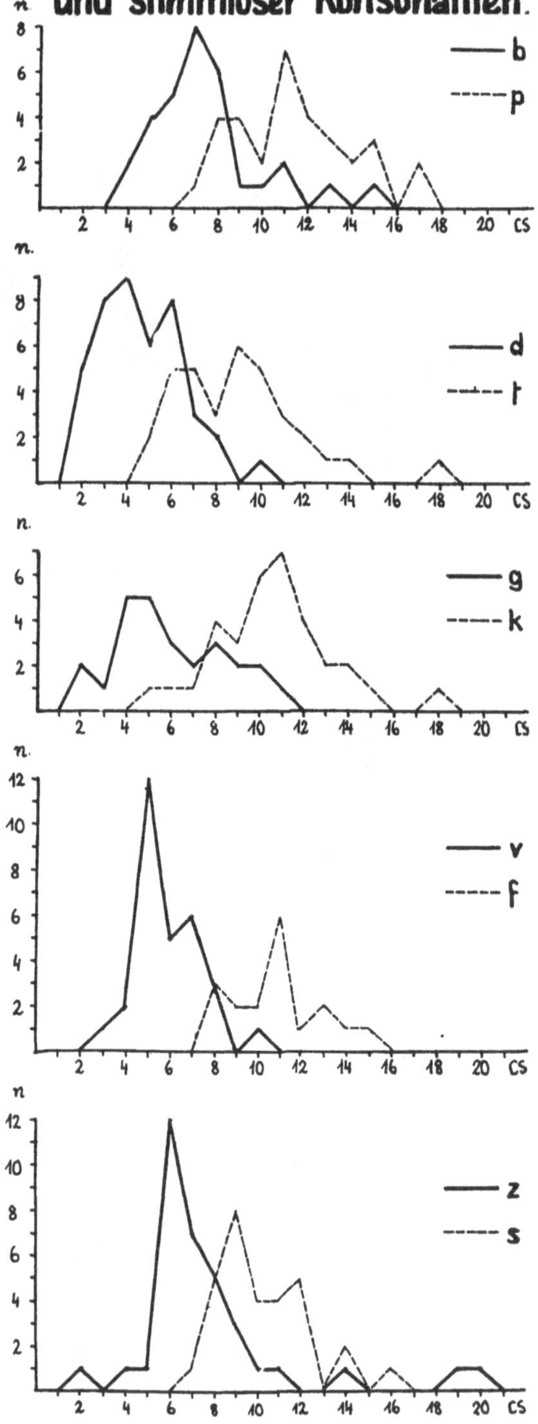

Dauer intervokalischer Konsonanten in Abhängigkeit vom Stärkegrad der Silbe, die sie anlauten.

a) In druckschwacher Umgebung
b) Vor Schwachdruck nach Starkdr.
c) Vor Starkdruck

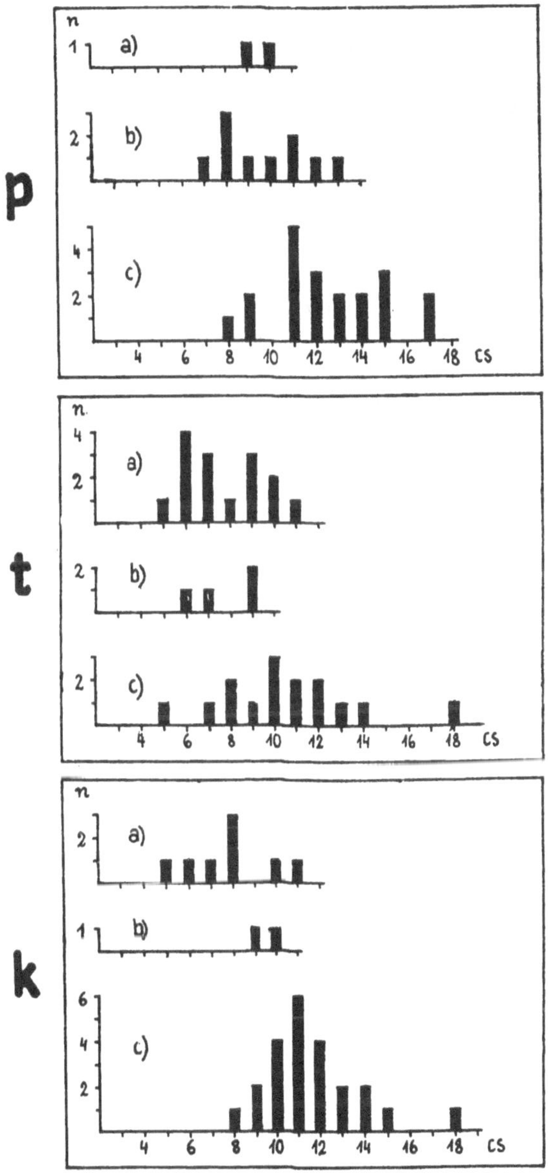

TAFEL 10

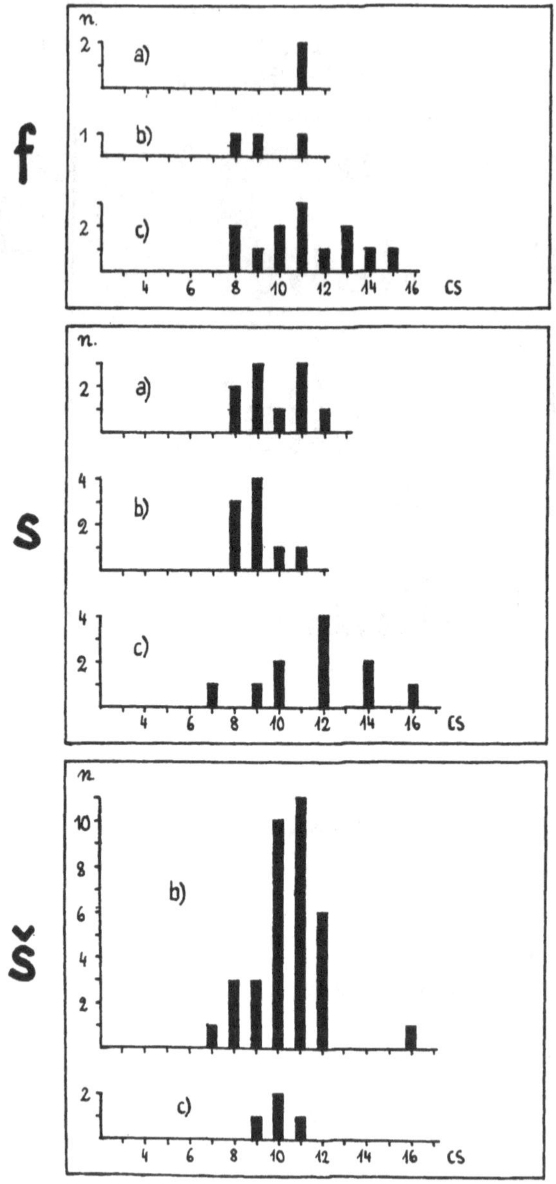

f
n.
2
a)
1
b)
2
c)
4
6
8
10
12
14
16
cs
s
n.
2
a)
4
2
b)
4
2
c)
4
6
8
10
12
14
16
cs
š
n
10
8
6
4
2
b)
2
c)
4
6
8
10
12
14
16
cs

b

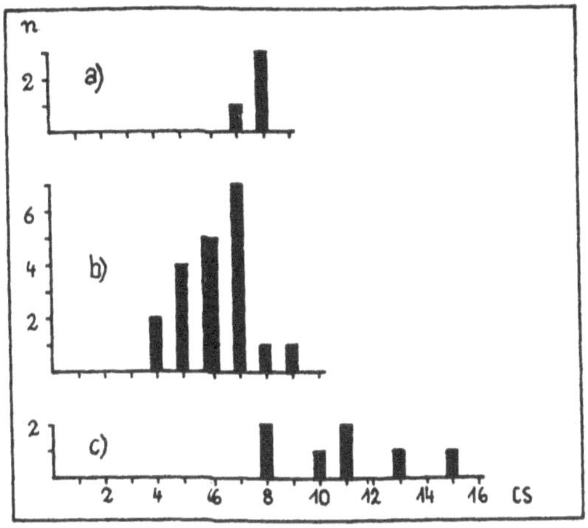
n
a)
2
b)
6
4
2
c)
2
2 4 6 8 10 12 14 16 cs

d

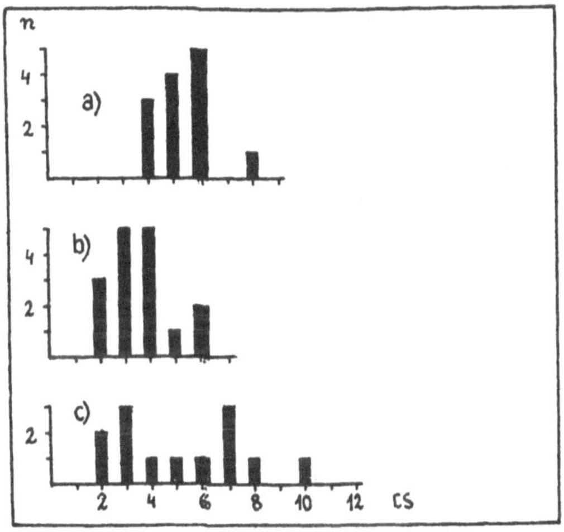
n
a)
4
2
b)
4
2
c)
2
2 4 6 8 10 12 cs

g

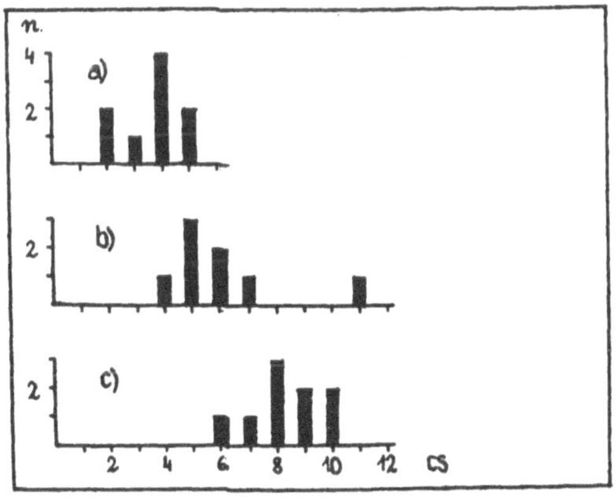
n
a)
4
2
b)
2
c)
2
2 4 6 8 10 12 cs

TAFEL 12

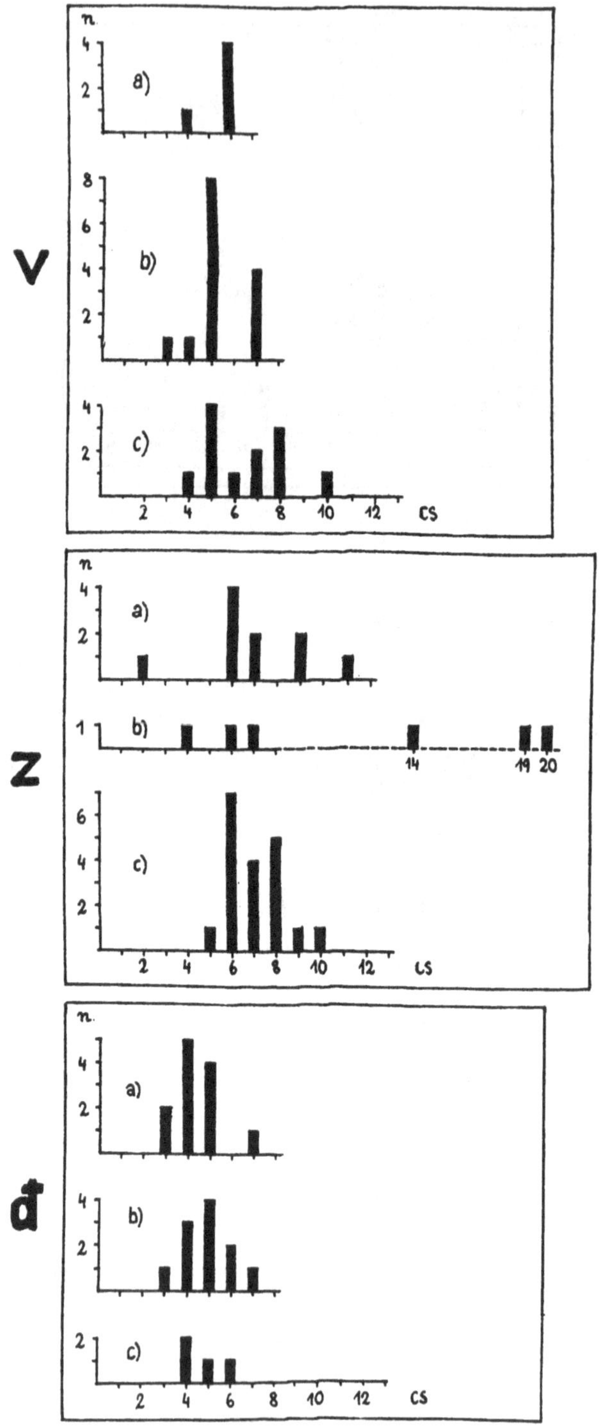

TAFEL 13

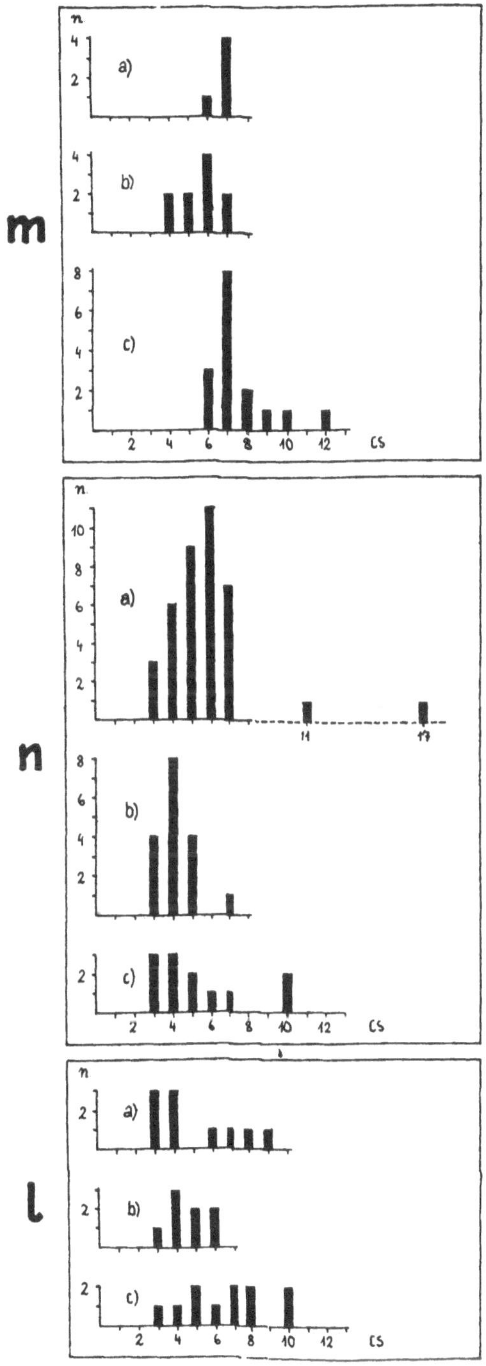

TAFEL 14

r

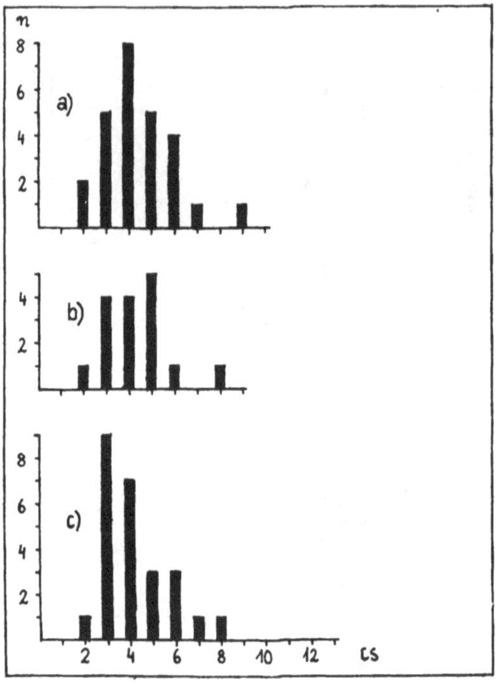

w

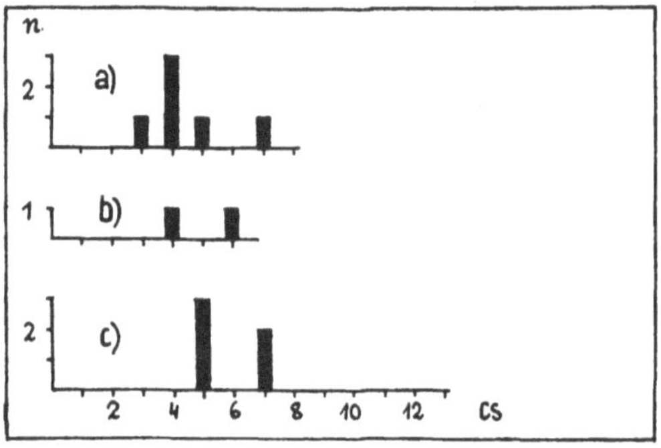

Abschwächung von nachtonigem p, t, k zu b, d, g.

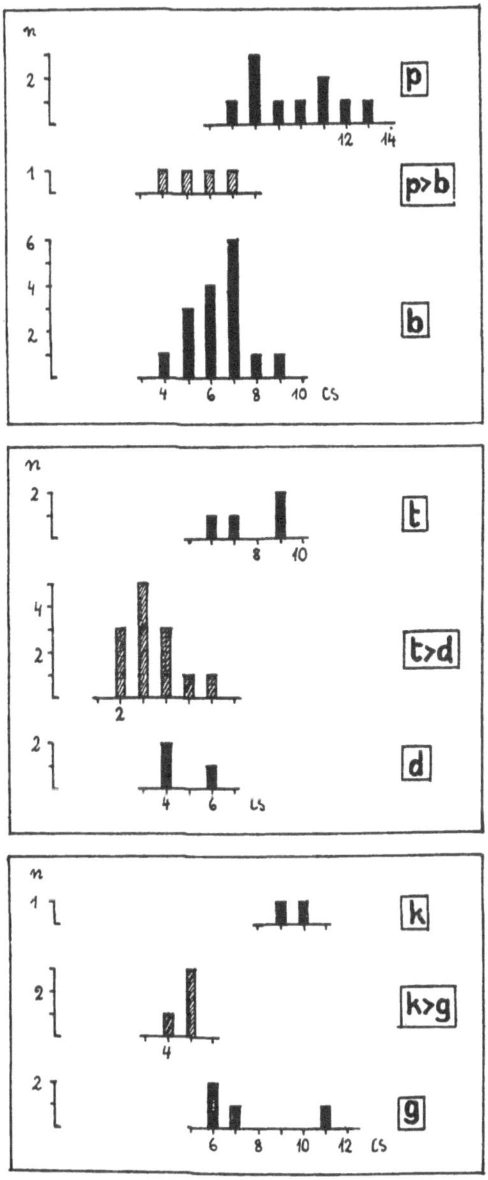

TAFEL 16

Tonhöhen der Silben.

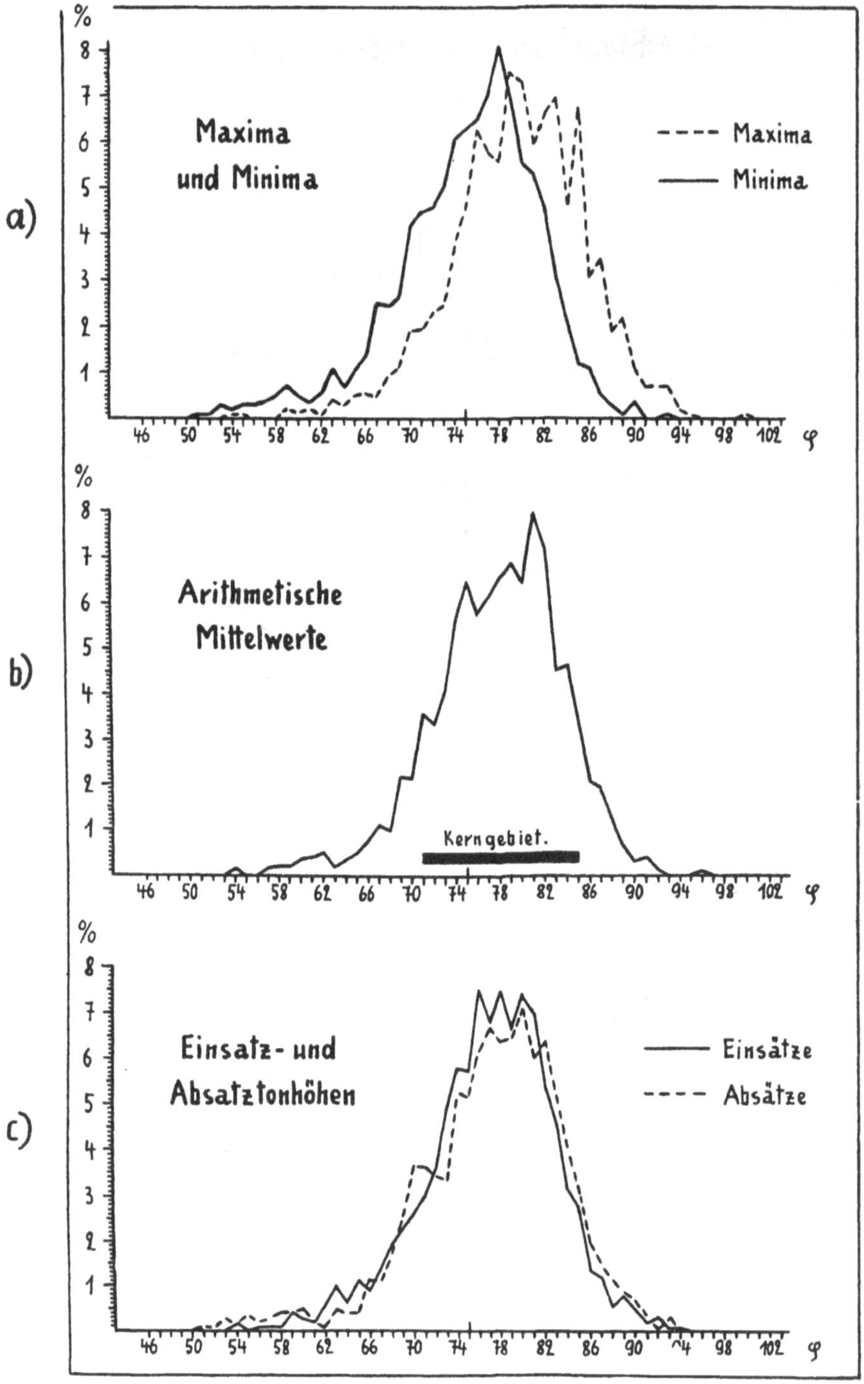

Häufigkeit der Einsatztonhöhen, getrennt nach den Typen der Silbenmelodie.

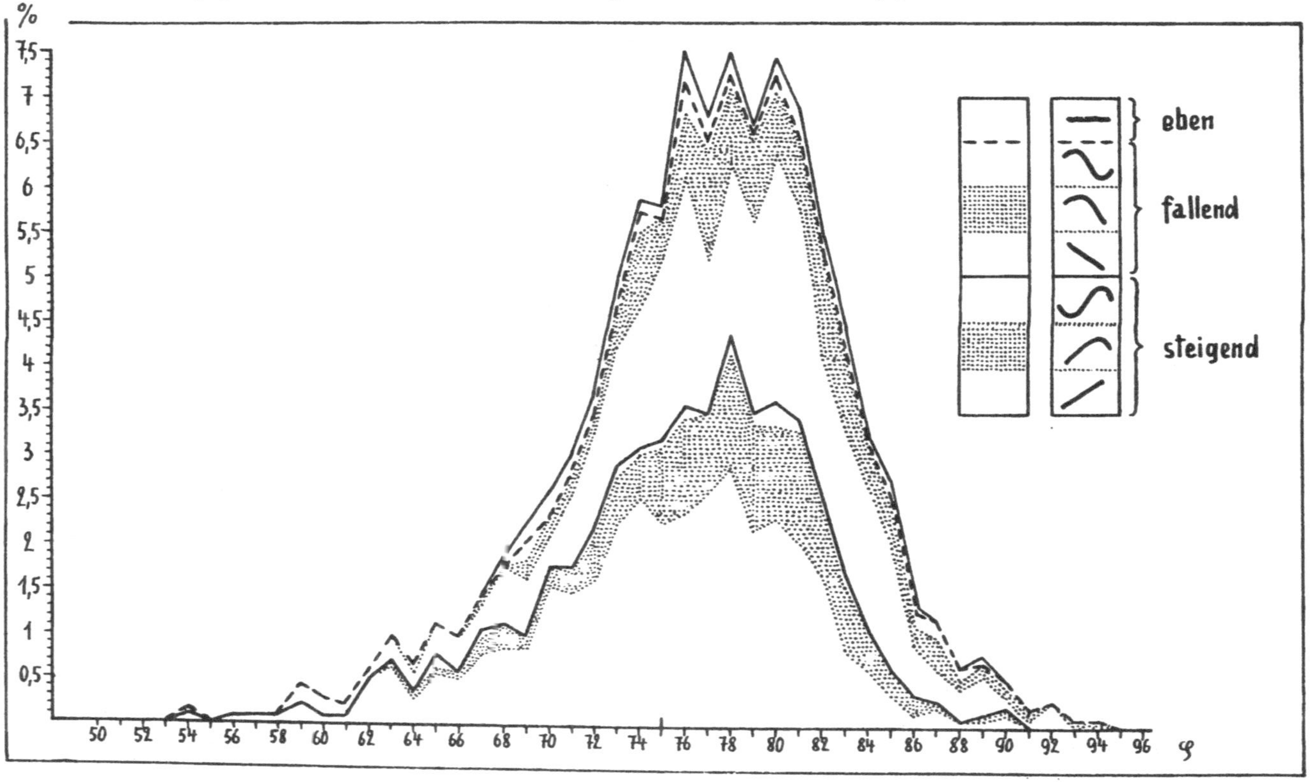

a)

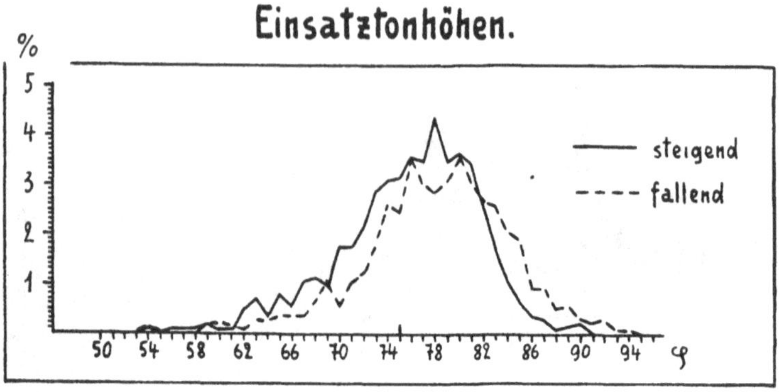
Einsatztonhöhen.
%
5
4
3
2
1
steigend
fallend
50
54
58
62
66
70
74
78
82
86
90
94
φ

b)

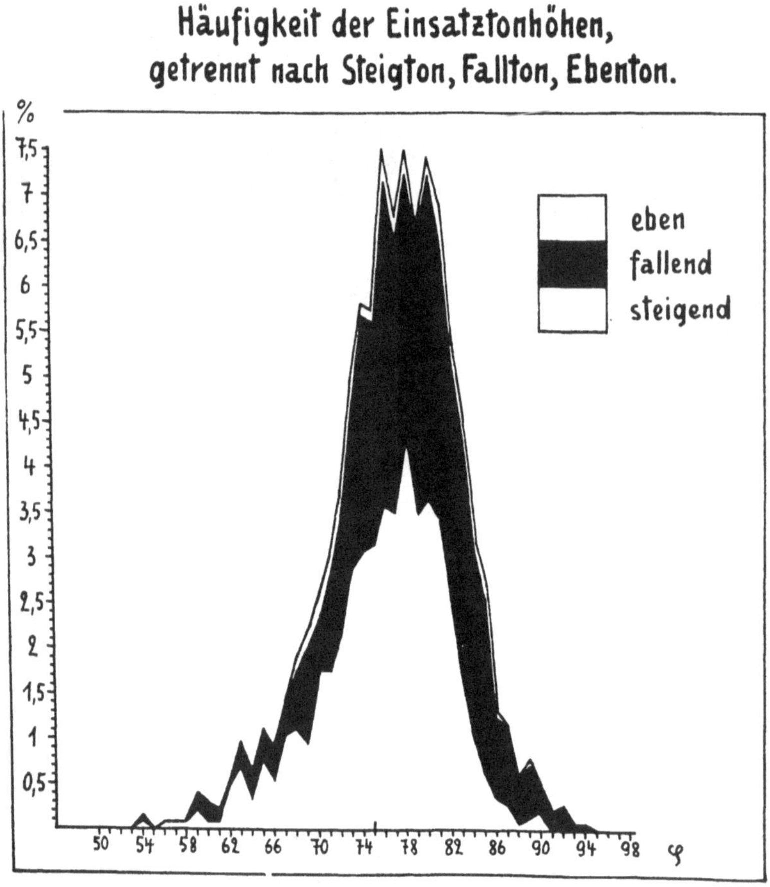
Häufigkeit der Einsatztonhöhen,
getrennt nach Steigton, Fallton, Ebenton.
%
7,5
7
6,5
6
5,5
5
4,5
4
3,5
3
2,5
2
1,5
1
0,5
eben
fallend
steigend
50
54
58
62
66
70
74
78
82
86
90
94
98
φ

Einsatztonhöhen der Vokale.

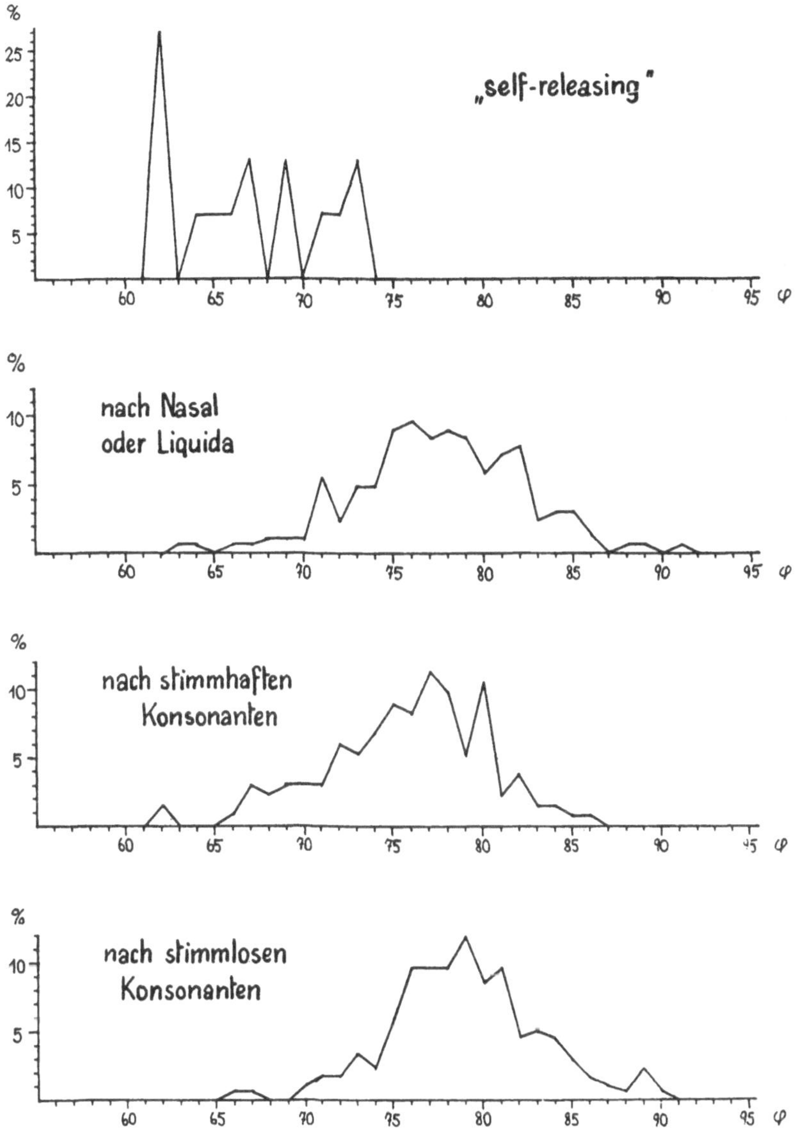

Silbenintervalle.

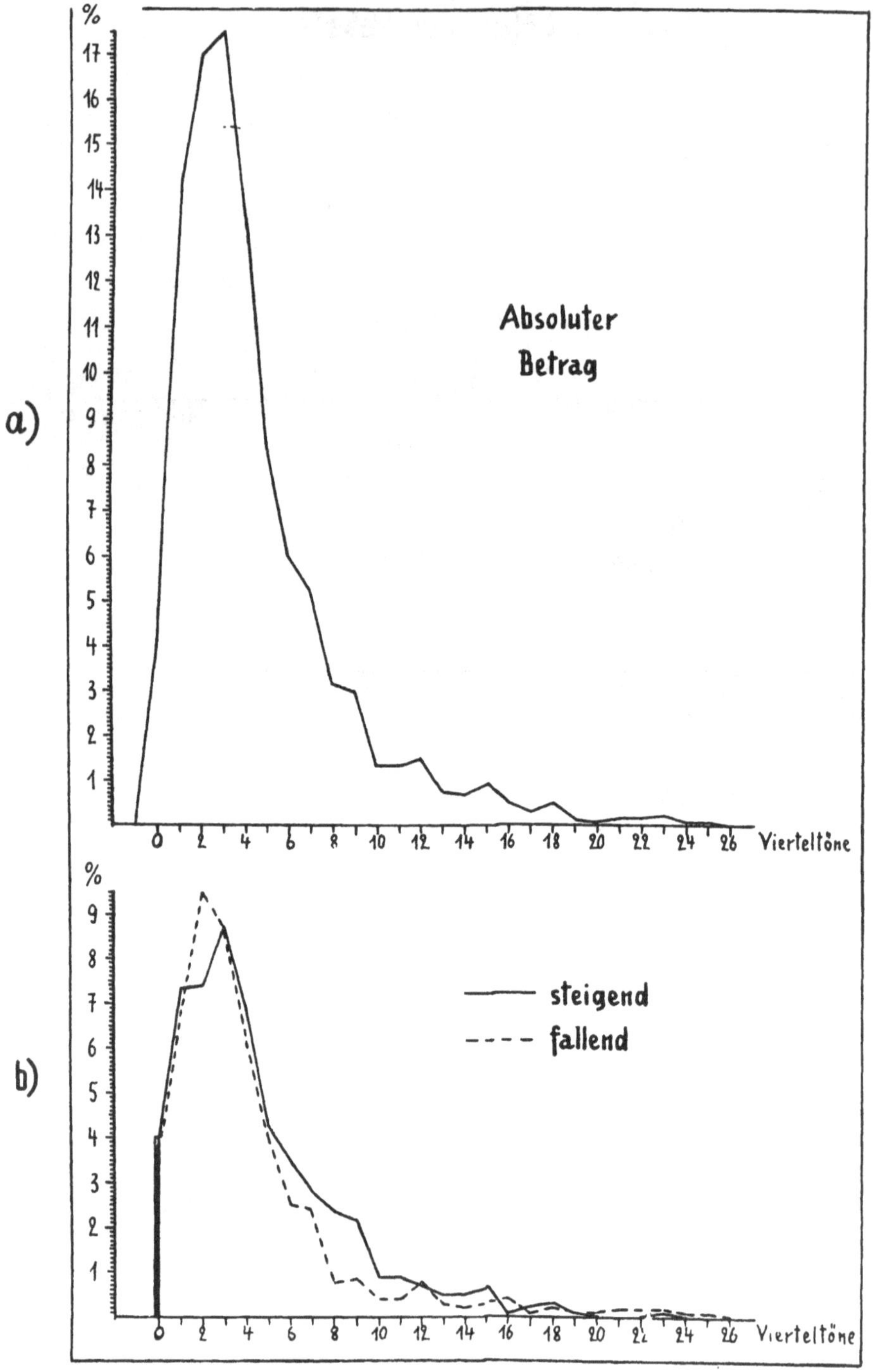

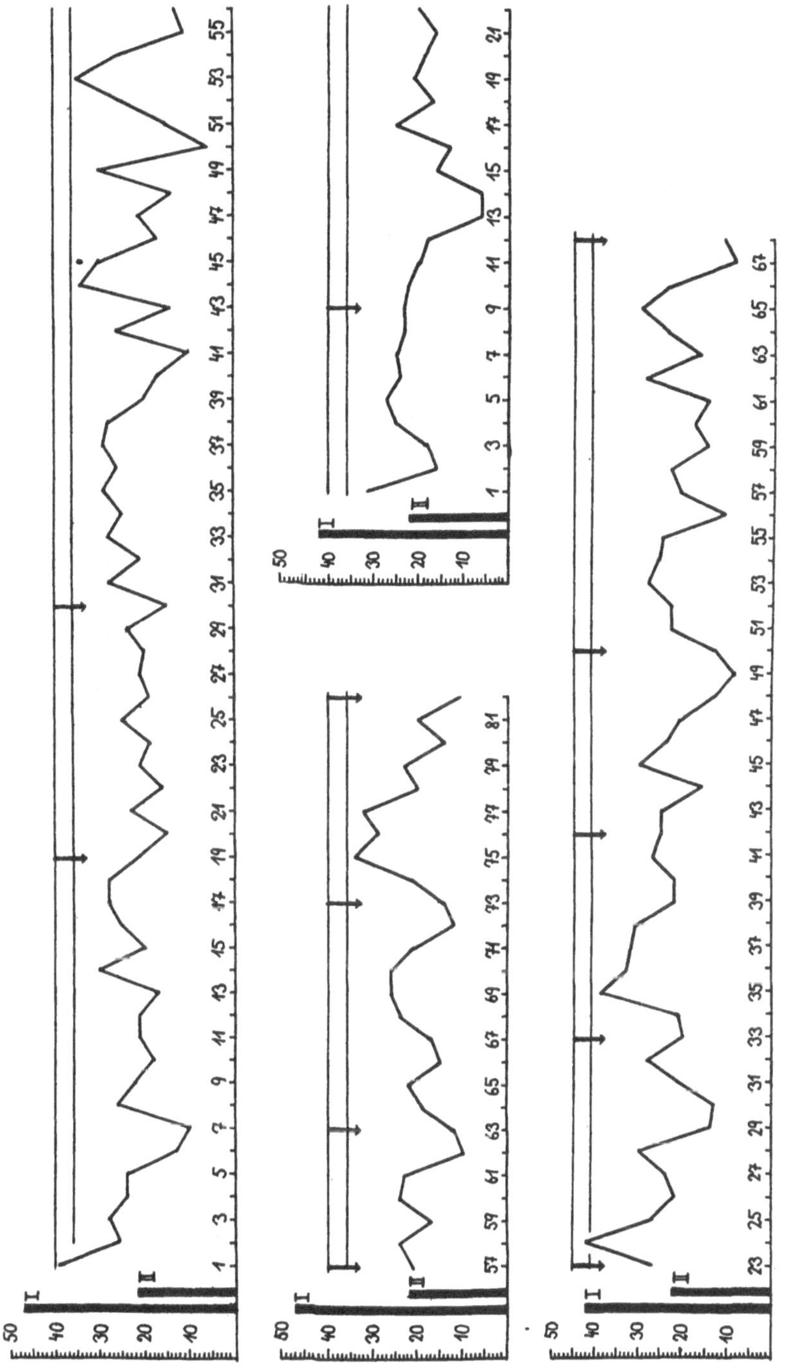

Stimmumfang innerhalb der Atemgruppe (in zeitlicher Reihenfolge).

TAFEL 22

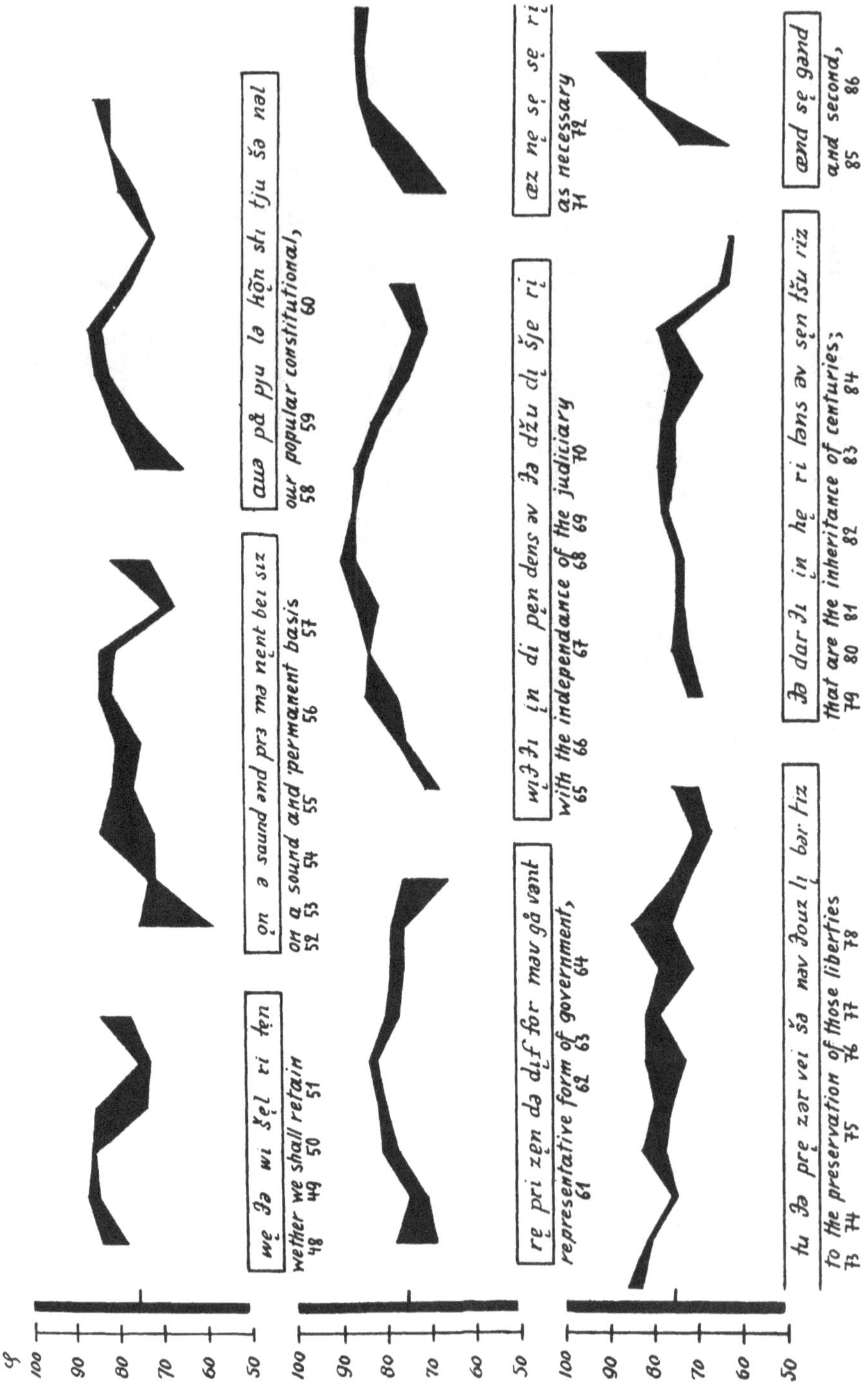

100 90 80 70 60 50
wether we shall retain
48 49 50 51
on a sound and permanent basis
52 53 54 55 56 57
our popular constitutional,
58 59 60
representative form of government,
61 62 63 64
with the independance of the judiciary
65 66 67 68 69 70
as necessary
71 72
to the preservation of those liberties
73 74 75 76 77 78
that are the inheritance of centuries;
79 80 81 82 83 84
and second,
85 86

Stimmumfang innerhalb der Atemgruppe (in zeitlicher Reihenfolge).

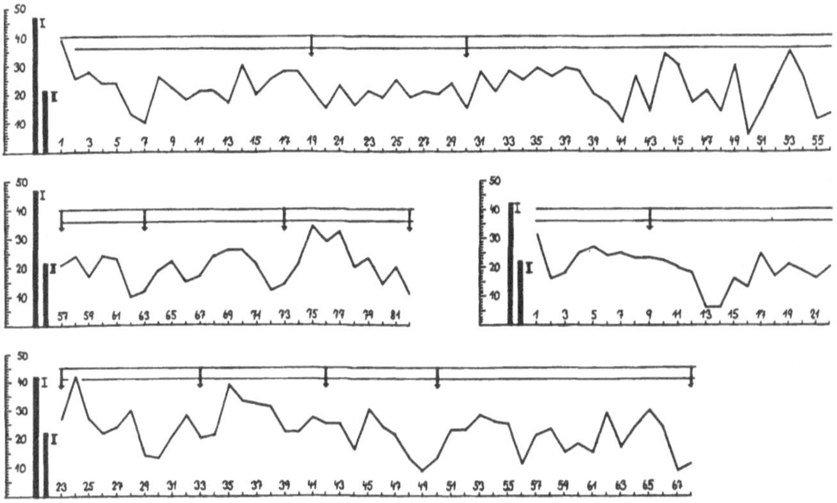

Häufigkeit der Gruppen-u. Silbenintervalle.

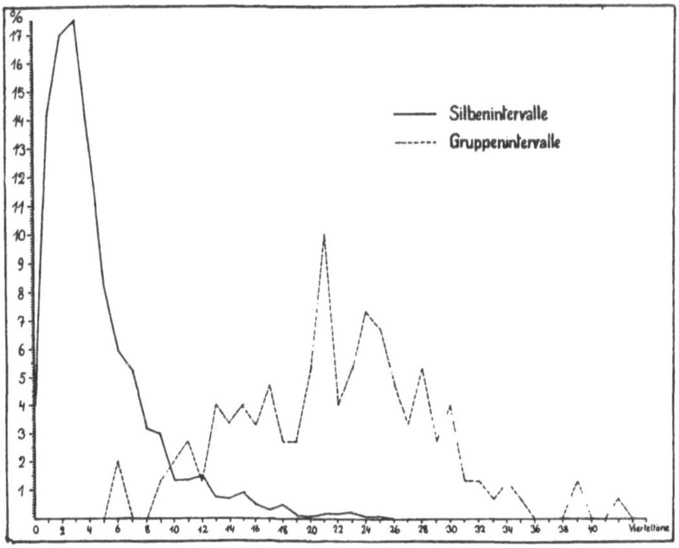

TAFEL 24

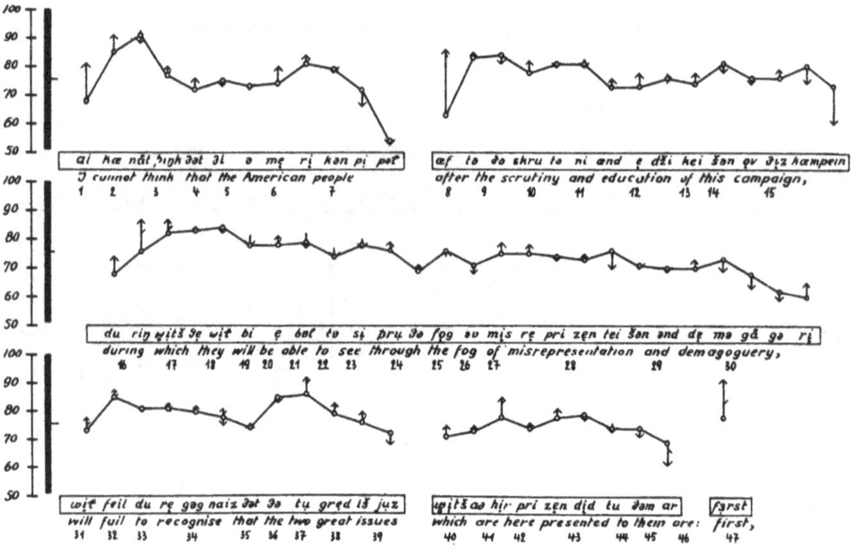
100
90
80
70
60
50
I cannot think that the American people
after the scrutiny and education of this campaign,
during which they will be able to see through the fog of misrepresentation and demagoguery,
will fail to recognise that the two great issues
which are here presented to them are:
first,

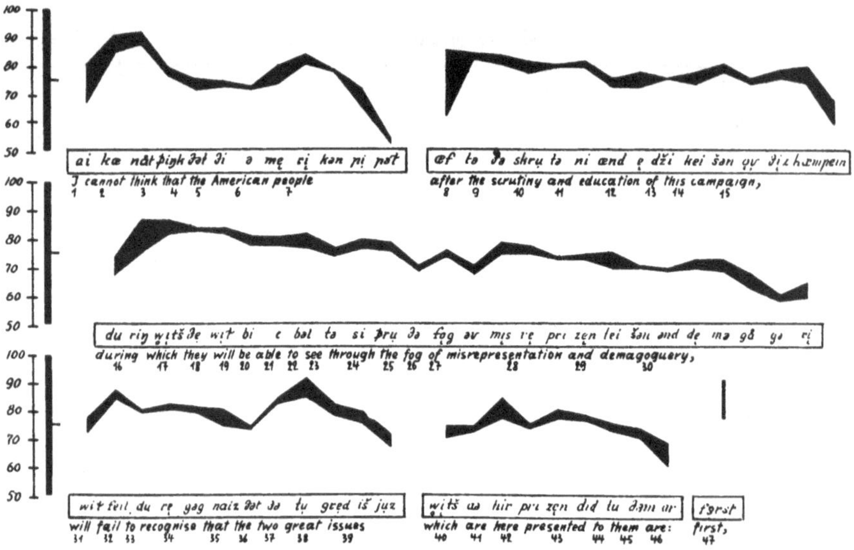
100
90
80
70
60
50
I cannot think that the American people
after the scrutiny and education of this campaign,
during which they will be able to see through the fog of misrepresentation and demagoguery,
will fail to recognise that the two great issues
which are here presented to them are:
first,

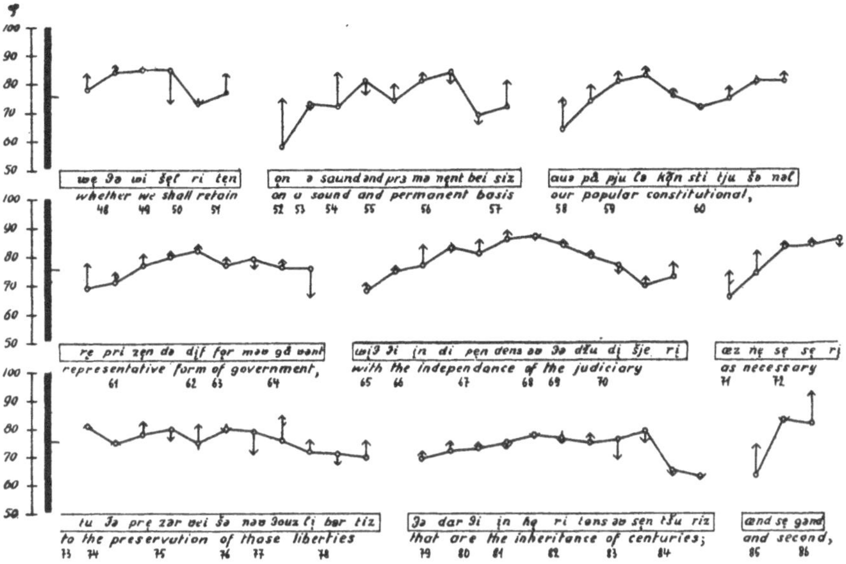
whether we shall retain
on a sound and permanent basis
our popular constitutional,
representative form of government,
with the independance of the judiciary
as necessary
to the preservation of those liberties
that are the inheritance of centuries;
and second,

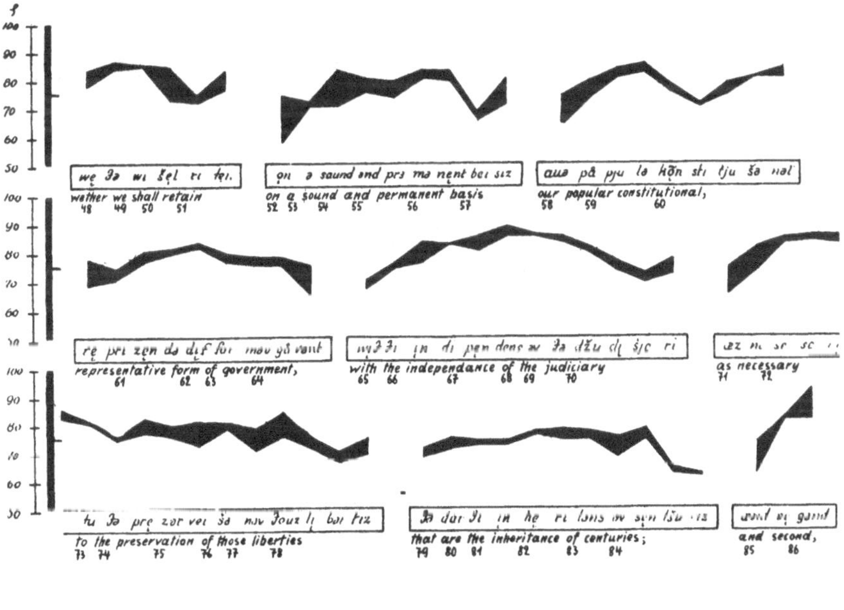
wether we shall retain
on a sound and permanent basis
our popular constitutional,
representative form of government,
with the independance of the judiciary
as necessary
to the preservation of those liberties
that are the inheritance of centuries;
and second,

TAFEL 26

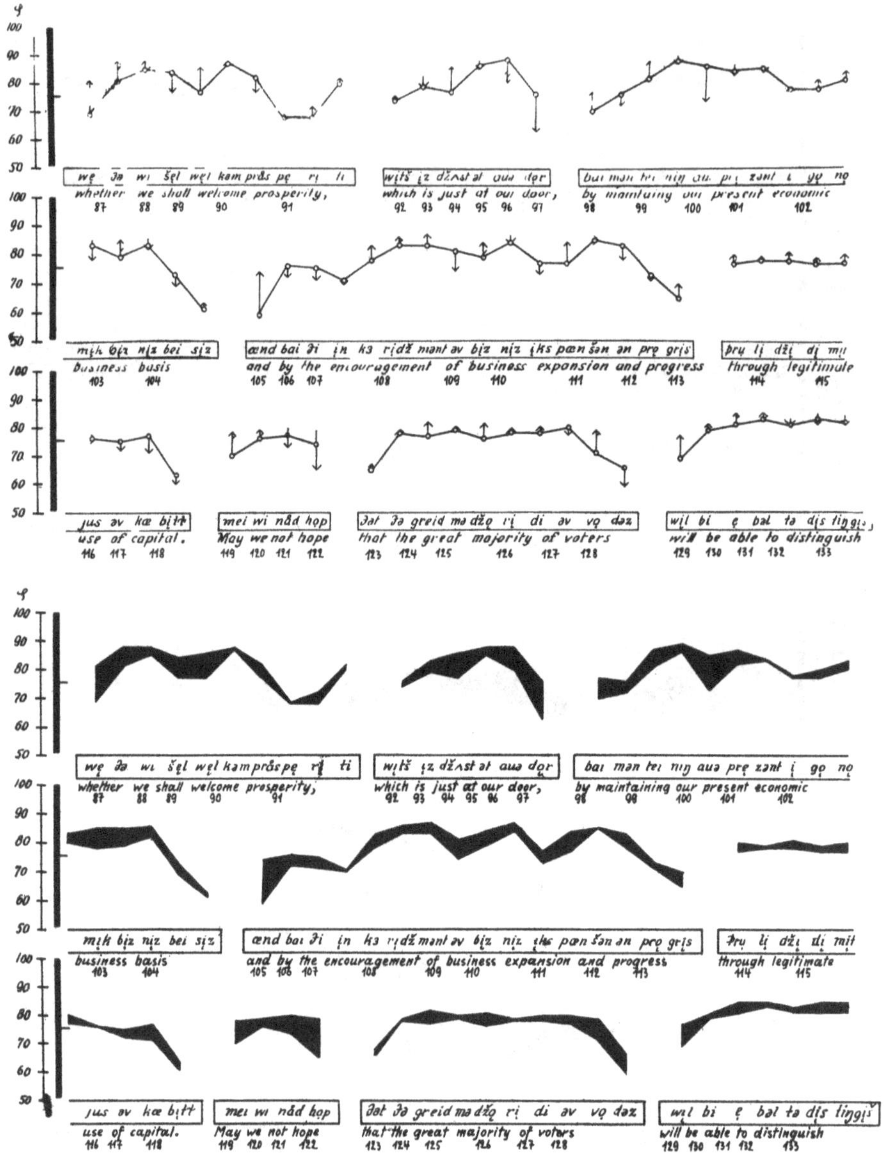
whether we shall welcome prosperity,
which is just at our door,
by maintaining our present economic
business basis
and by the encouragement of business expansion and progress
through legitimate
use of capital.
May we not hope
that the great majority of voters
will be able to distinguish

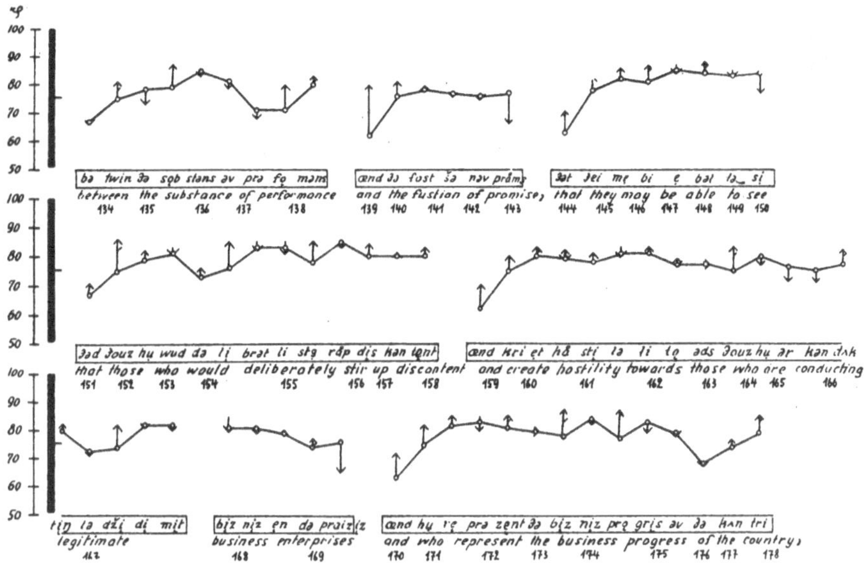

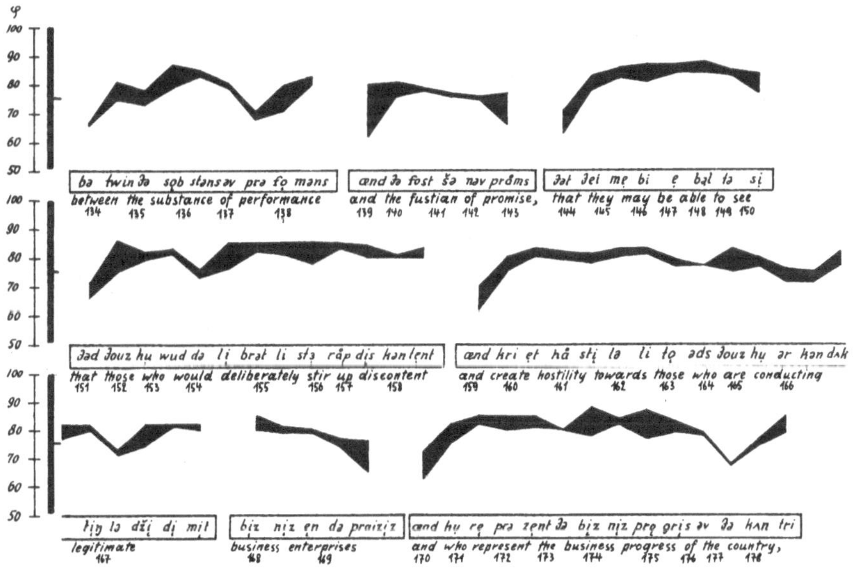

TAFEL 28

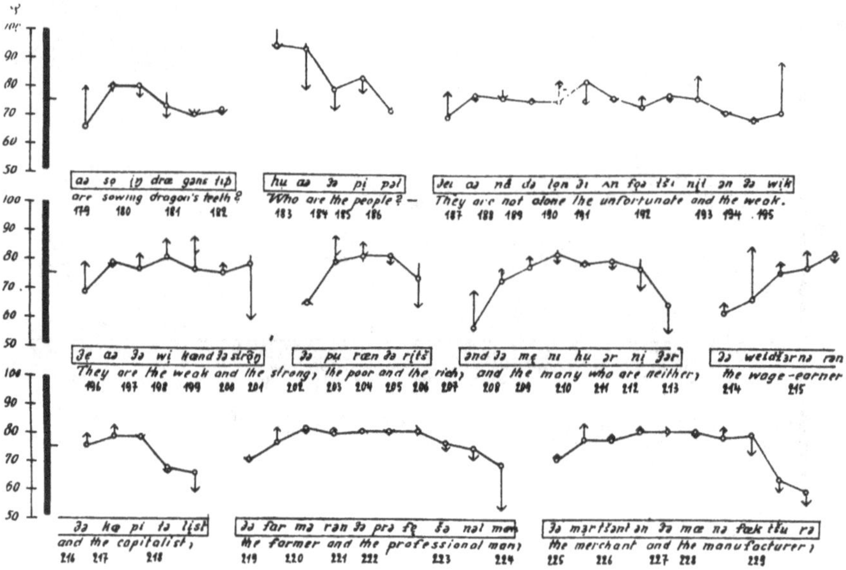

are sowing dragon's teeth?
Who are the people? –
They are not alone the unfortunate and the weak.
They are the weak and the strong, the poor and the rich, and the many who are neither,
the wage-earner
and the capitalist,
the farmer and the professional man,
the merchant and the manufacturer,

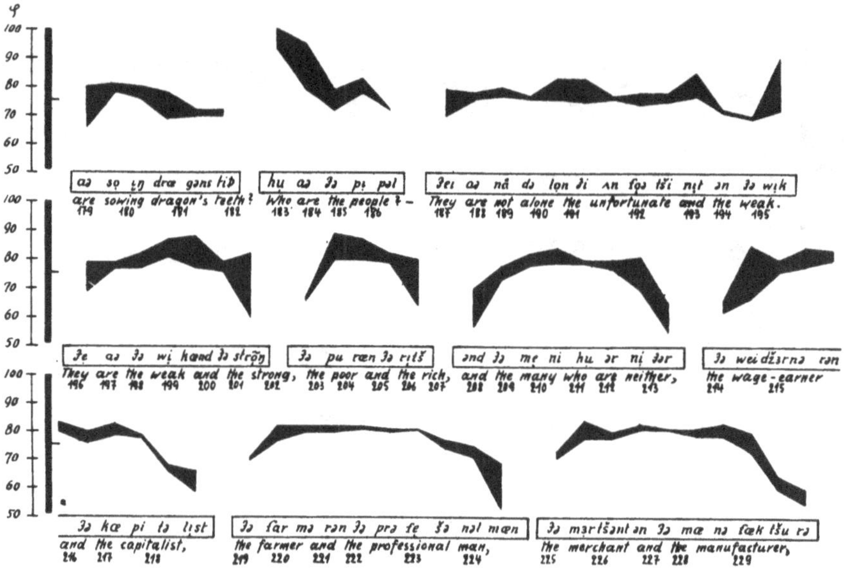

are sowing dragon's teeth?
Who are the people? –
They are not alone the unfortunate and the weak.
They are the weak and the strong, the poor and the rich, and the many who are neither,
the wage-earner
and the capitalist,
the farmer and the professional man,
the merchant and the manufacturer,

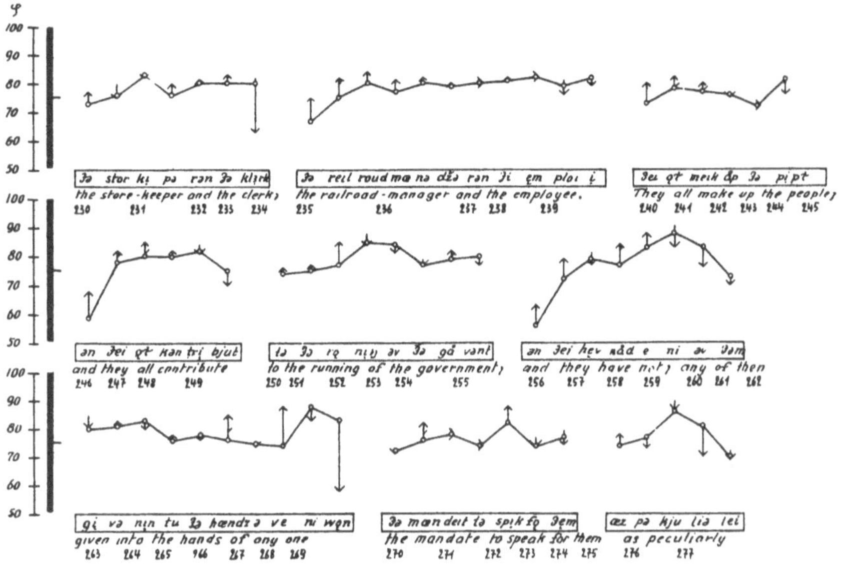
100
90
80
70
60
50
the store-keeper and the clerk,
230 231 232 233 234
the railroad-manager and the employee.
235 236 237 238 239
They all make up the people,
240 241 242 243 244 245
and they all contribute
246 247 248 249
to the running of the government,
250 251 252 253 254 255
and they have not, any of them
256 257 258 259 260 261 262
given into the hands of any one
263 264 265 266 267 268 269
the mandate to speak for them
270 271 272 273 274 275
as peculiarly
276 277

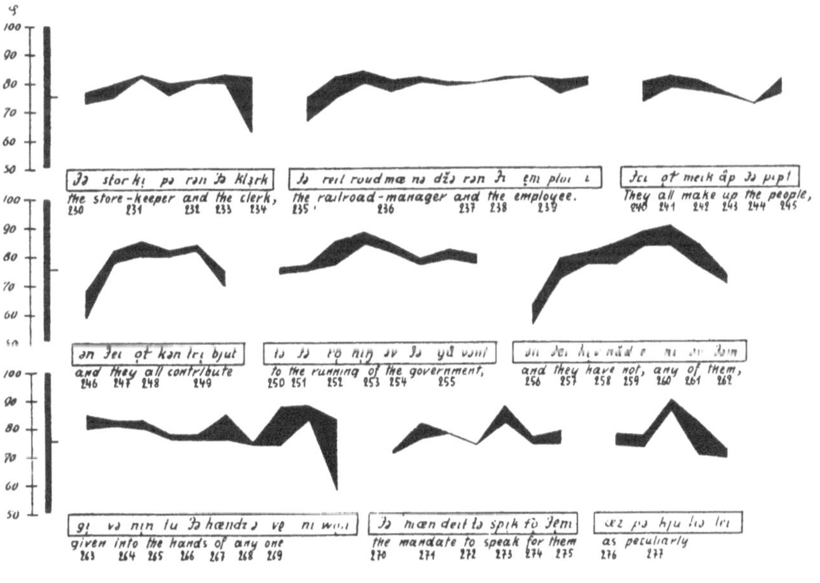
100
90
80
70
60
50
the store-keeper and the clerk,
230 231 232 233 234
the railroad-manager and the employee.
235 236 237 238 239
They all make up the people,
240 241 242 243 244 245
and they all contribute
246 247 248 249
to the running of the government,
250 251 252 253 254 255
and they have not, any of them,
256 257 258 259 260 261 262
given into the hands of any one
263 264 265 266 267 268 269
the mandate to speak for them
270 271 272 273 274 275
as peculiarly
276 277

TAFEL 30

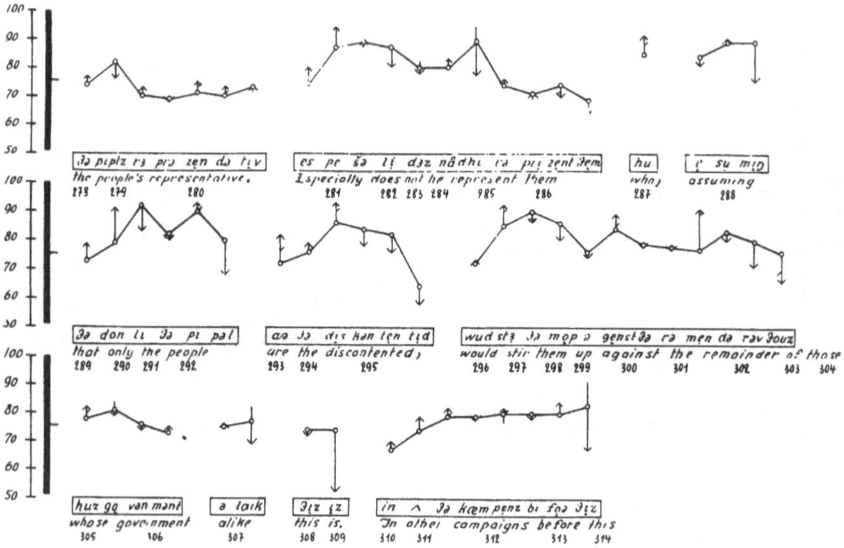

100
90
80
70
60
50
the people's representative.
Especially does not he represent them
who,
assuming
that only the people
are the discontented,
would stir them up against the remainder of those
whose government
alike
this is.
In other campaigns before this

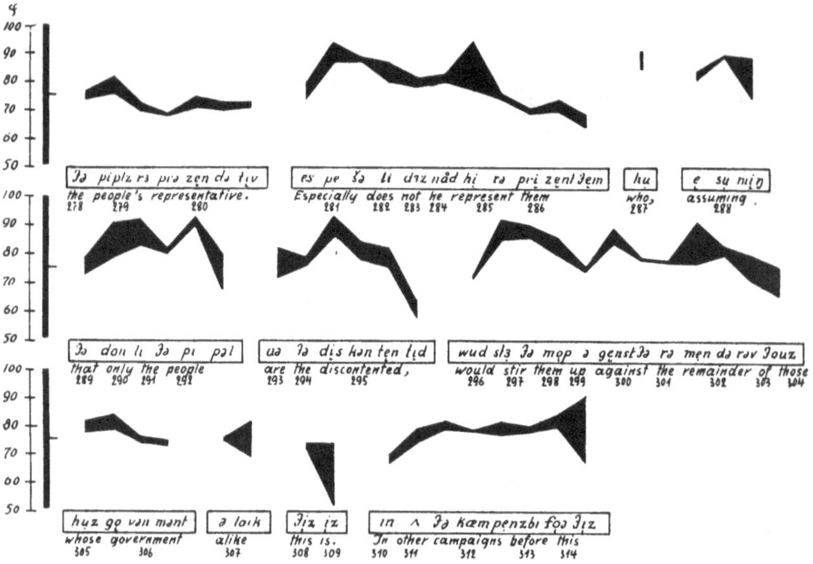

100
90
80
70
60
50
the people's representative.
Especially does not he represent them
who,
assuming
that only the people
are the discontented,
would stir them up against the remainder of those
whose government
alike
this is.
In other campaigns before this

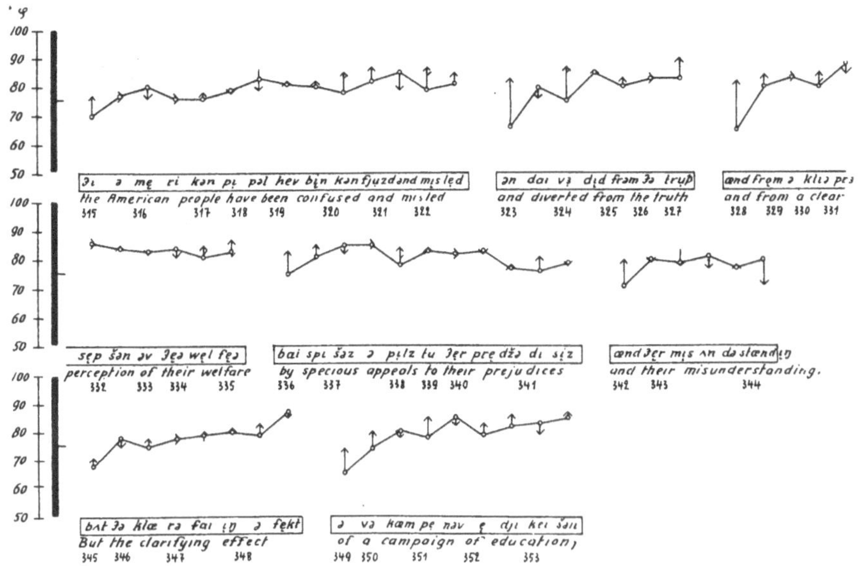
the American people have been confused and misled
and diverted from the truth
and from a clear
perception of their welfare
by specious appeals to their prejudices
and their misunderstanding.
But the clarifying effect
of a campaign of education,

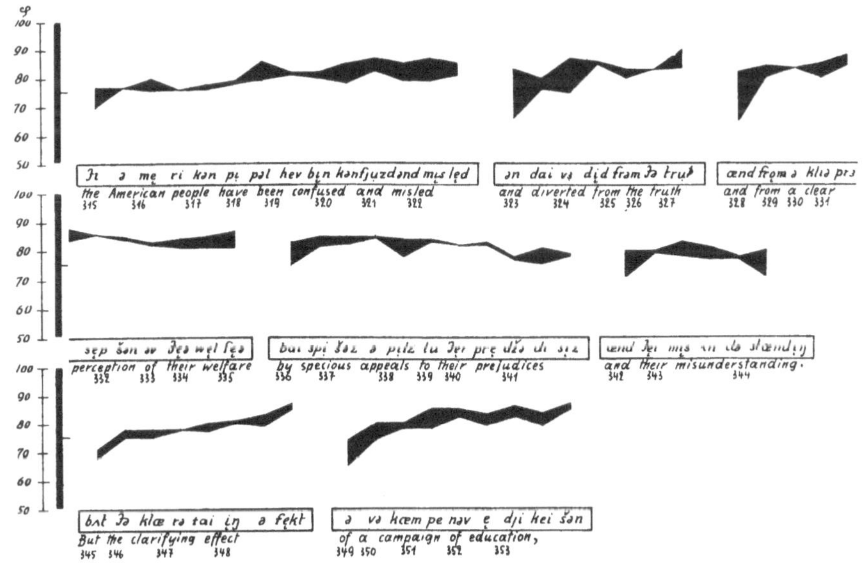
the American people have been confused and misled
and diverted from the truth
and from a clear
perception of their welfare
by specious appeals to their prejudices
and their misunderstanding.
But the clarifying effect
of a campaign of education,

TAFEL 32

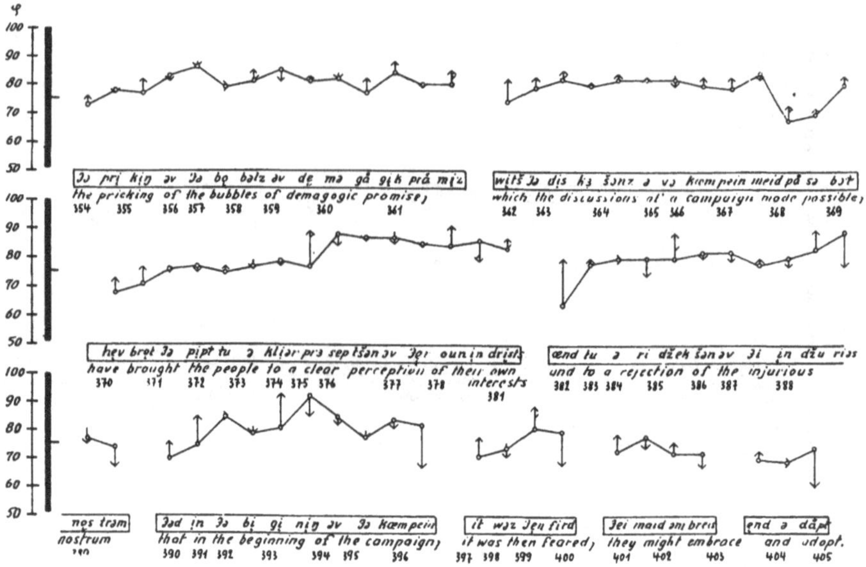
φ
100
90
80
70
60
50
the pricking of the bubbles of demagogic promise,
354 355 356 357 358 359 360 361
which the discussions of a campaign made possible,
362 363 364 365 366 367 368 369
have brought the people to a clear perception of their own interests
370 371 372 373 374 375 376 377 378 381
and to a rejection of the injurious
382 383 384 385 386 387 388
nostrum
that in the beginning of the campaign,
390 391 392 393 394 395 396
it was then feared,
397 398 399 400
they might embrace
401 402 403
and adopt.
404 405

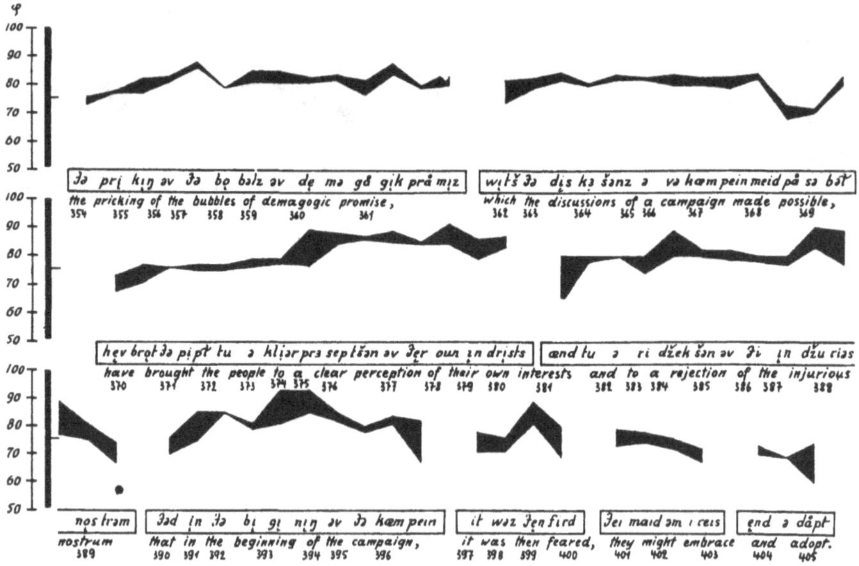
φ
100
90
80
70
60
50
the pricking of the bubbles of demagogic promise,
354 355 356 357 358 359 360 361
which the discussions of a campaign made possible,
362 363 364 365 366 367 368 369
have brought the people to a clear perception of their own interests
370 371 372 373 374 375 376 377 378 379 380 381
and to a rejection of the injurious
382 383 384 385 386 387 388
nostrum
389
that in the beginning of the campaign,
390 391 392 393 394 395 396
it was then feared,
397 398 399 400
they might embrace
401 402 403
and adopt.
404 405

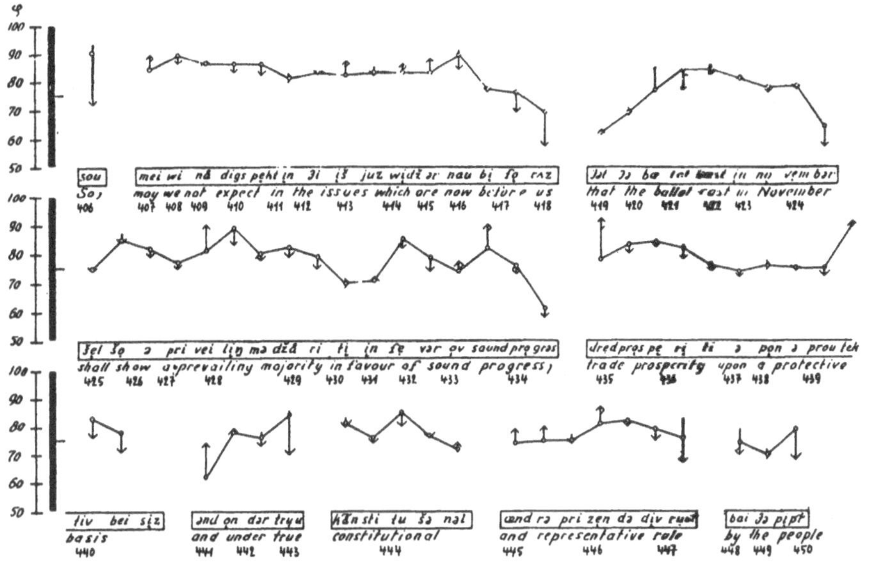
So, may we not expect in the issues which are now before us
that the ballot-cast in November
shall show a prevailing majority in favour of sound progress,
trade prosperity upon a protective
basis
and under true
constitutional
and representative rule
by the people

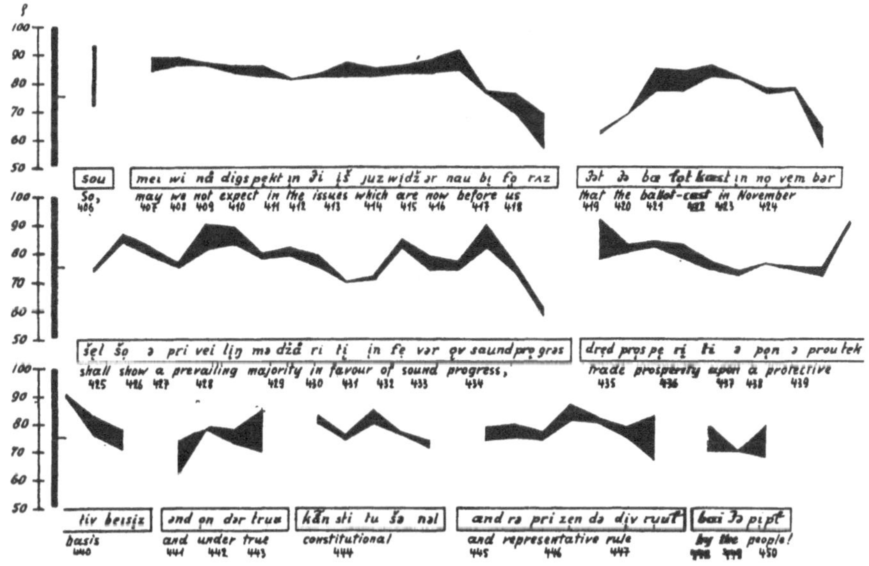
So, may we not expect in the issues which are now before us
that the ballot-cast in November
shall show a prevailing majority in favour of sound progress,
trade prosperity upon a protective
basis
and under true
constitutional
and representative rule
by the people!

TAFEl 34

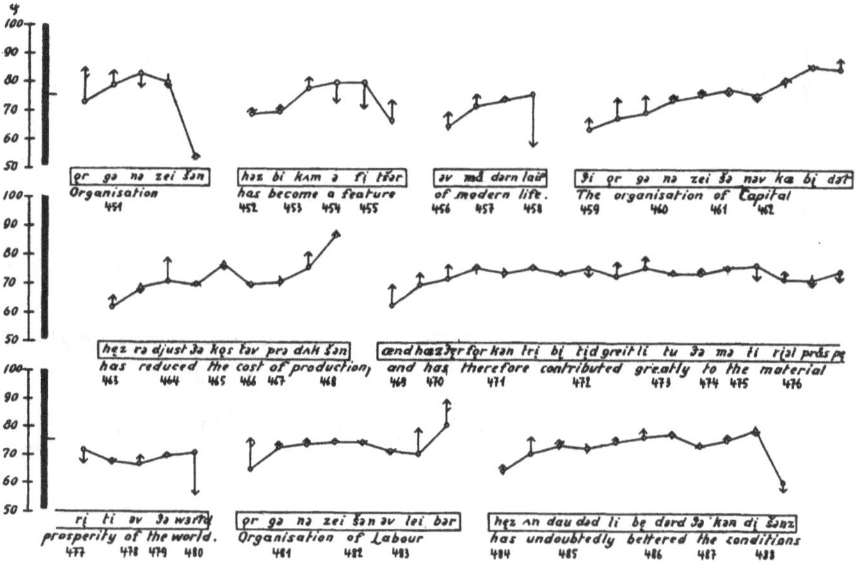

100
90
80
70
60
50
Organisation
451
has become a feature
452 453 454 455
of modern life.
456 457 458
The organisation of Capital
459 460 461 462
has reduced the cost of production,
463 464 465 466 467 468
and has therefore contributed greatly to the material
469 470 471 472 473 474 475 476
prosperity of the world.
477 478 479 480
Organisation of Labour
481 482 483
has undoubtedly bettered the conditions
484 485 486 487 488

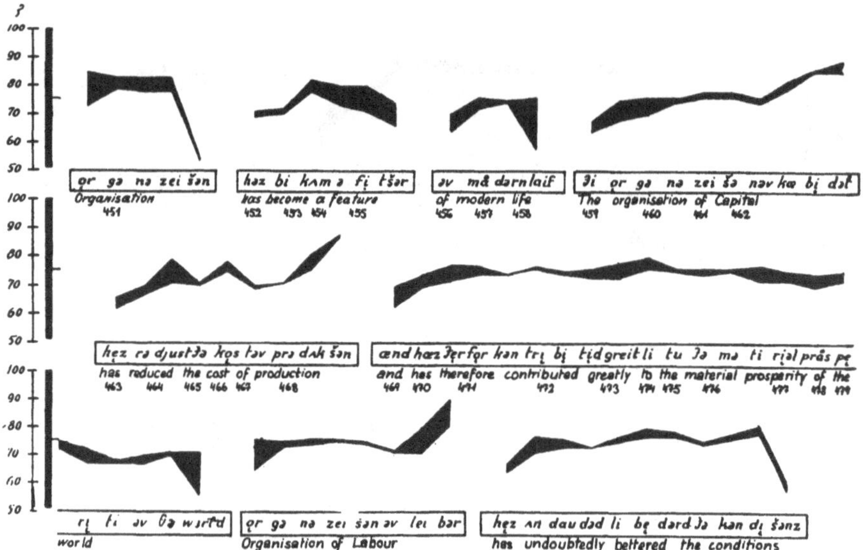

100
90
80
70
60
50
Organisation
451
has become a feature
452 453 454 455
of modern life
456 457 458
The organisation of Capital
459 460 461 462
has reduced the cost of production
463 464 465 466 467 468
and has therefore contributed greatly to the material prosperity of the
469 470 471 472 473 474 475 476 477 478 479
world
480
Organisation of Labour
481 482 483
has undoubtedly bettered the conditions
484 485 486 487 488

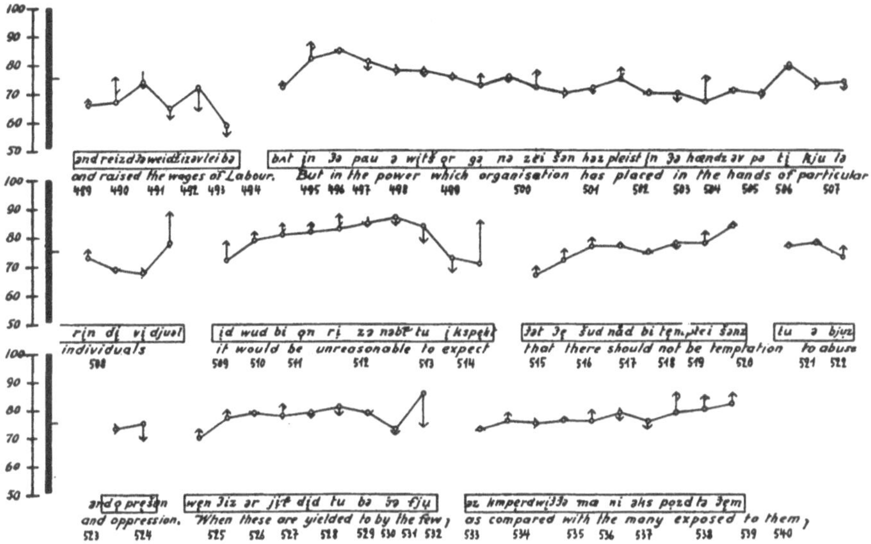
100
90
80
70
60
50
and raised the wages of Labour. But in the power which organisation has placed in the hands of particular
individuals
it would be unreasonable to expect
that there should not be temptation
to abuse
and oppression. When these are yielded to by the few, as compared with the many exposed to them,

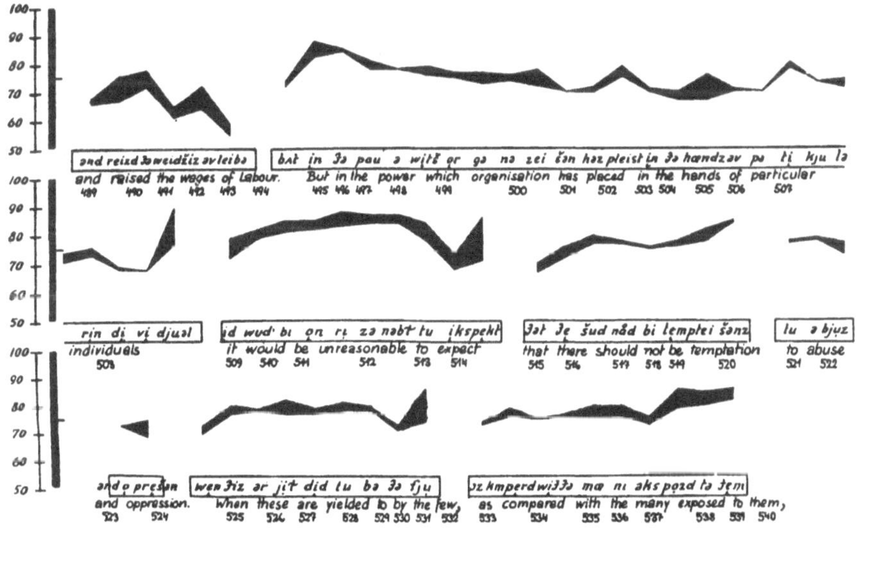
100
90
80
70
60
50
and raised the wages of Labour. But in the power which organisation has placed in the hands of particular
individuals
it would be unreasonable to expect
that there should not be temptation
to abuse
and oppression. When these are yielded to by the few, as compared with the many exposed to them,

TAFEL 36

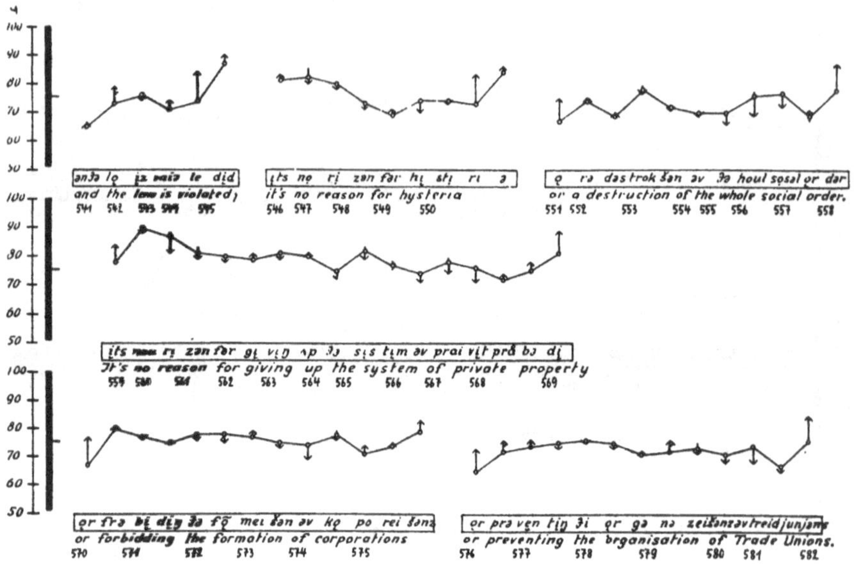

and the law is violated;
it's no reason for hysteria
or a destruction of the whole social order.
It's no reason for giving up the system of private property
or forbidding the formation of corporations
or preventing the organisation of Trade Unions.

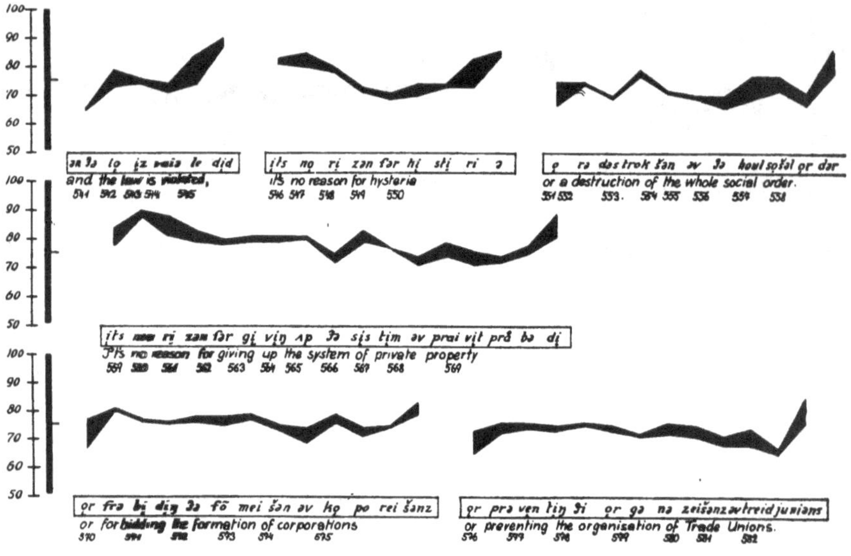

and the law is violated,
it's no reason for hysteria
or a destruction of the whole social order.
It's no reason for giving up the system of private property
or forbidding the formation of corporations
or preventing the organisation of Trade Unions.

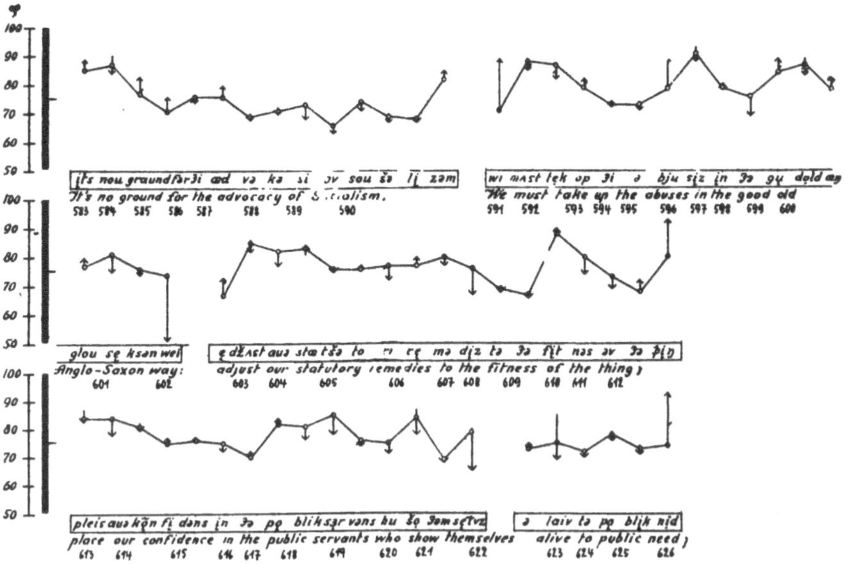
100
90
80
70
60
50
It's no ground for the advocacy of Socialism.
583 584 585 586 587 588 589 590
We must take up the abuses in the good old
591 592 593 594 595 596 597 598 599 600
Anglo-Saxon way:
601 602
adjust our statutory remedies to the fitness of the thing;
603 604 605 606 607 608 609 610 611 612
place our confidence in the public servants who show themselves
alive to public need;
613 614 615 616 617 618 619 620 621 622 623 624 625 626

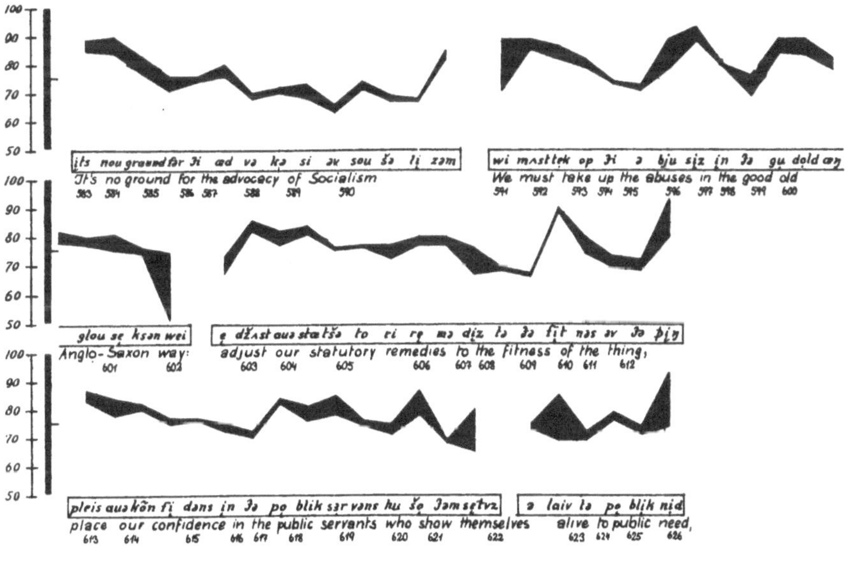
100
90
80
70
60
50
It's no ground for the advocacy of Socialism
583 584 585 586 587 588 589 590
We must take up the abuses in the good old
591 592 593 594 595 596 597 598 599 600
Anglo-Saxon way:
601 602
adjust our statutory remedies to the fitness of the thing,
603 604 605 606 607 608 609 610 611 612
place our confidence in the public servants who show themselves
alive to public need,
613 614 615 616 617 618 619 620 621 622 623 624 625 626

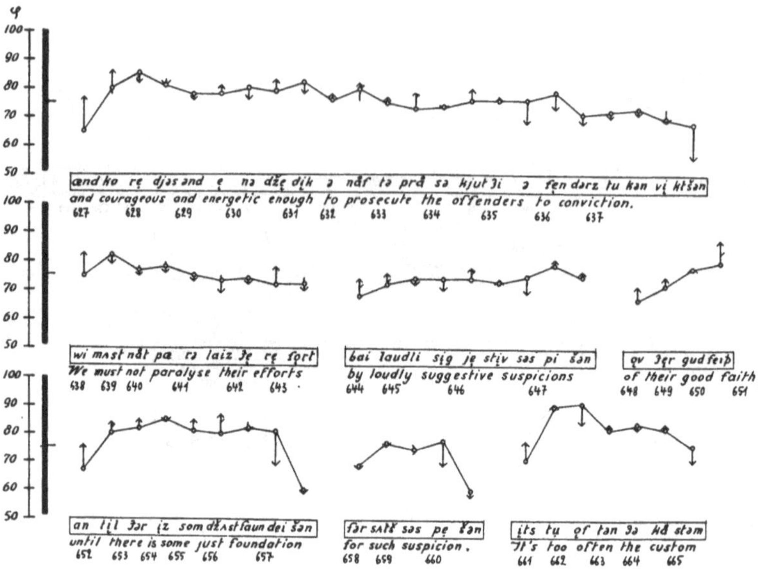
φ
100
90
80
70
60
50
ænd ko rẹ djəs ənd ẹ nə džẹ dik ə nʌf tə prå sə kjut ʒi ə fen dərz tu kən vị kšən
and courageous and energetic enough to prosecute the offenders to conviction.
627 628 629 630 631 632 633 634 635 636 637
wi mʌst nåt pæ rə laiz ʒẹ rẹ fort
We must not paralyse their efforts
638 639 640 641 642 643
bai laudli sịg jẹ stịv səs pi šən
by loudly suggestive suspicions
644 645 646 647
ǫv ʒẹr gud feiþ
of their good faith,
648 649 650 651
ən tịl ʒər ịz som džʌst faun dei šən
until there is some just foundation
652 653 654 655 656 657
fər sʌtš səs pẹ šən
for such suspicion.
658 659 660
ịts tụ ǫf tən ʒə kå stəm
It's too often the custom
661 662 663 664 665

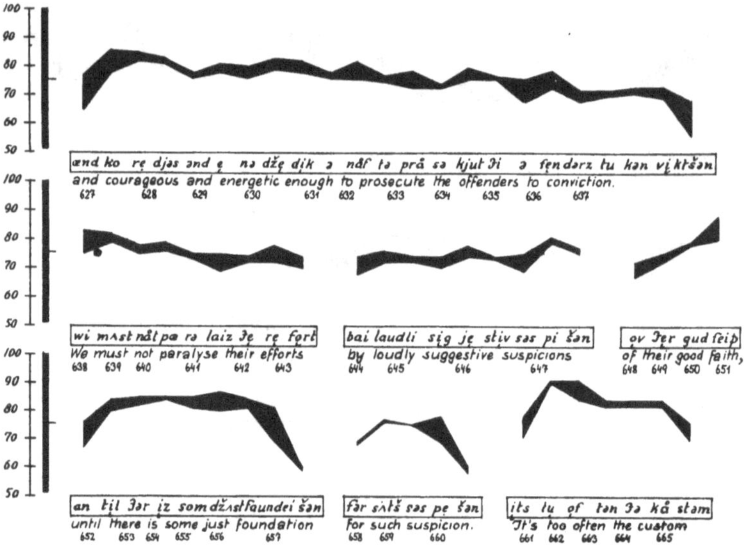
100
90
80
70
60
50
ænd ko rẹ djəs ənd ẹ nə džẹ dik ə nʌf tə prå sə kjut ʒi ə fen dərz tu kən vị kšən
and courageous and energetic enough to prosecute the offenders to conviction.
627 628 629 630 631 632 633 634 635 636 637
wi mʌst nåt pæ rə laiz ʒẹ rẹ fort
We must not paralyse their efforts
638 639 640 641 642 643
bai laudli sịg jẹ stịv səs pi šən
by loudly suggestive suspicions
644 645 646 647
ǫv ʒẹr gud feiþ
of their good faith,
648 649 650 651
ən tịl ʒər ịz som džʌst faun dei šən
until there is some just foundation
652 653 654 655 656 657
fər sʌtš səs pẹ šən
for such suspicion.
658 659 660
ịts tụ ǫf tən ʒə kå stəm
It's too often the custom
661 662 663 664 665

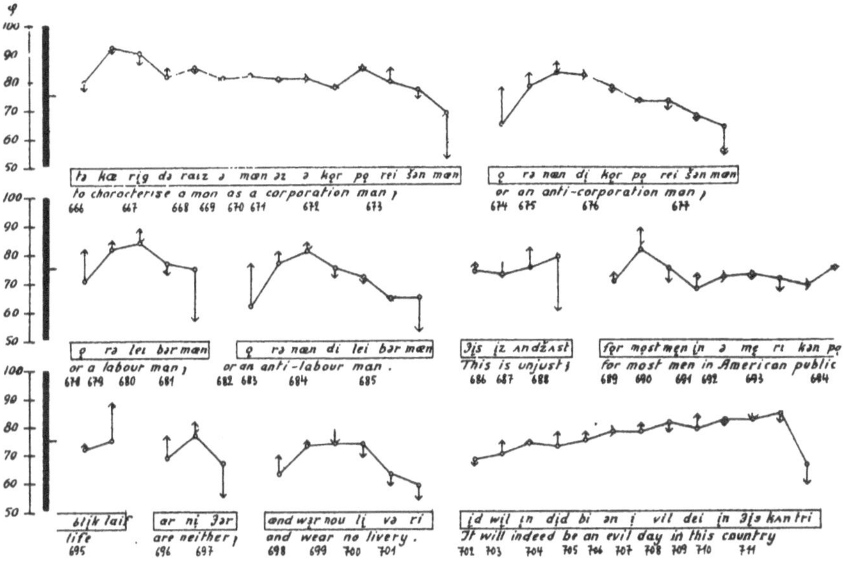
to characterise a man as a corporation man,
or an anti-corporation man,
666 667 668 669 670 671 672 673
674 675 676 677
or a labour man,
or an anti-labour man.
678 679 680 681 682 683 684 685
This is unjust;
686 687 688
for most men in American public
689 690 691 692 693 694
life
695
are neither,
696 697
and wear no livery.
698 699 700 701
It will indeed be an evil day in this country
702 703 704 705 706 707 708 709 710 711

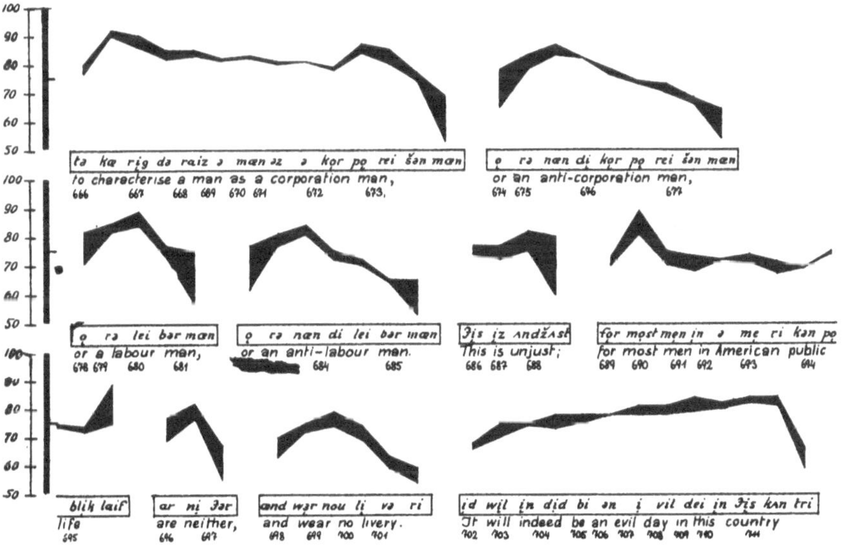
to characterise a man as a corporation man,
or an anti-corporation man,
666 667 668 669 670 671 672 673
674 675 676 677
or a labour man,
or an anti-labour man.
678 679 680 681
684 685
This is unjust;
686 687 688
for most men in American public
689 690 691 692 693 694
life
695
are neither,
696 697
and wear no livery.
698 699 700 701
It will indeed be an evil day in this country
702 703 704 705 706 707 708 709 710 711

TAFEL 40.

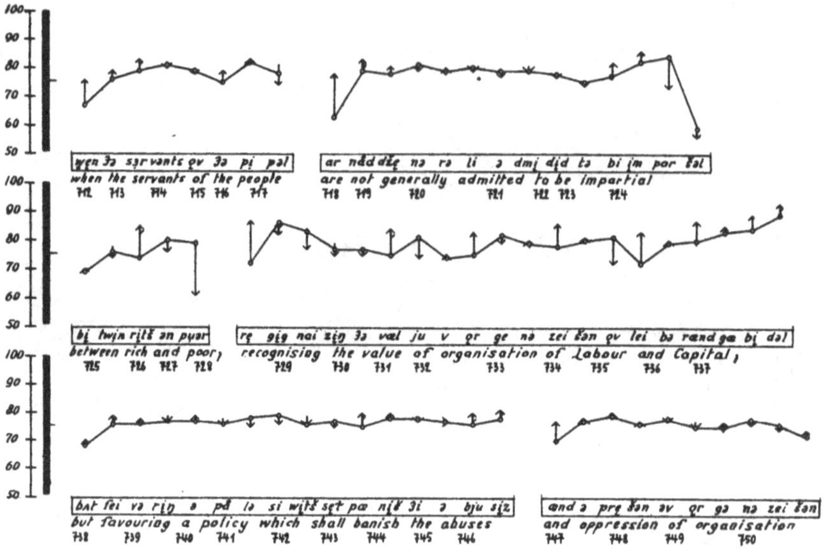
100
90
80
70
60
50
when the servants of the people
are not generally admitted to be impartial
between rich and poor,
recognising the value of organisation of Labour and Capital,
but favouring a policy which shall banish the abuses
and oppression of organisation

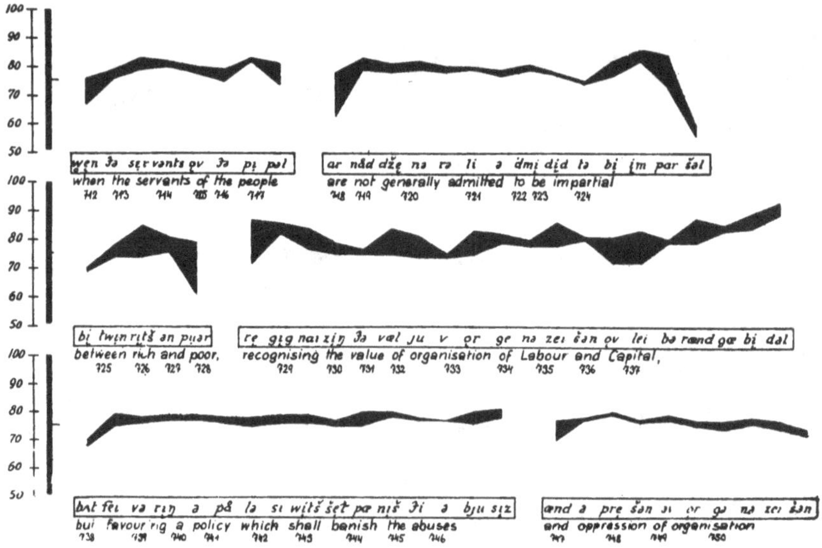
100
90
80
70
60
50
when the servants of the people
are not generally admitted to be impartial
between rich and poor,
recognising the value of organisation of Labour and Capital,
but favouring a policy which shall banish the abuses
and oppression of organisation

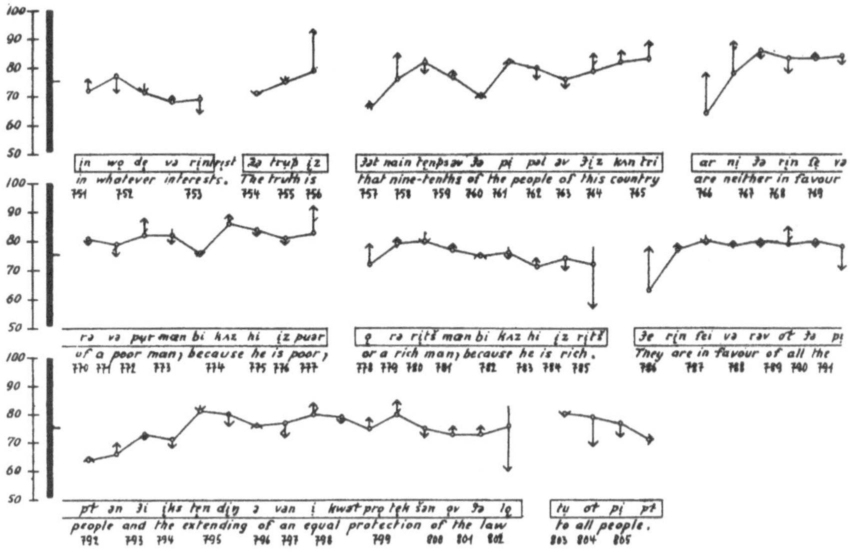
in whatever interests. The truth is that nine-tenths of the people of this country are neither in favour
of a poor man, because he is poor, or a rich man, because he is rich. They are in favour of all the
people and the extending of an equal protection of the law to all people.

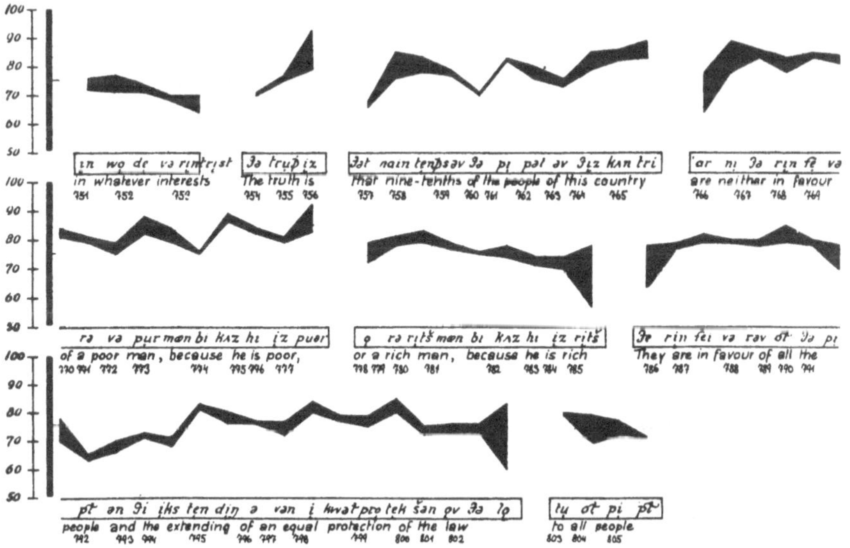
in whatever interests The truth is that nine-tenths of the people of this country are neither in favour
of a poor man, because he is poor, or a rich man, because he is rich They are in favour of all the
people and the extending of an equal protection of the law to all people

TAFEL 42

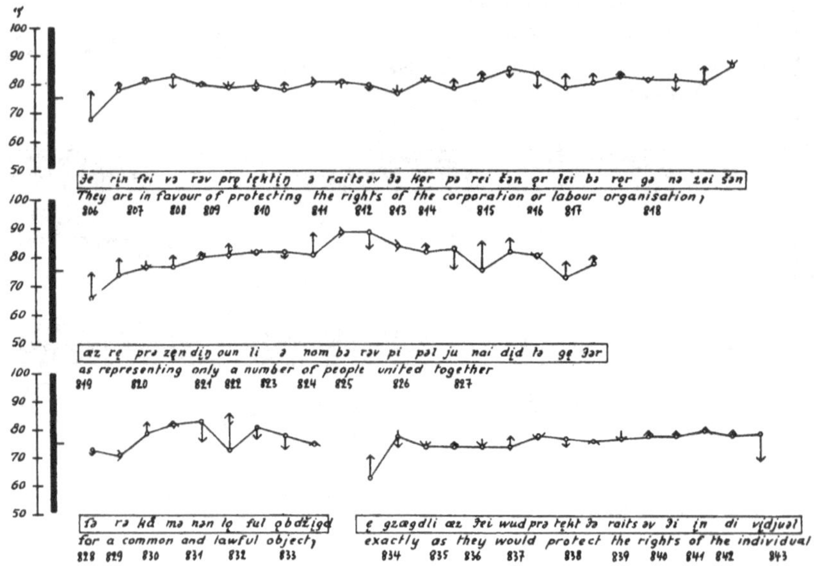

They are in favour of protecting the rights of the corporation or labour organisation,
as representing only a number of people united together
for a common and lawful object,
exactly as they would protect the rights of the individual

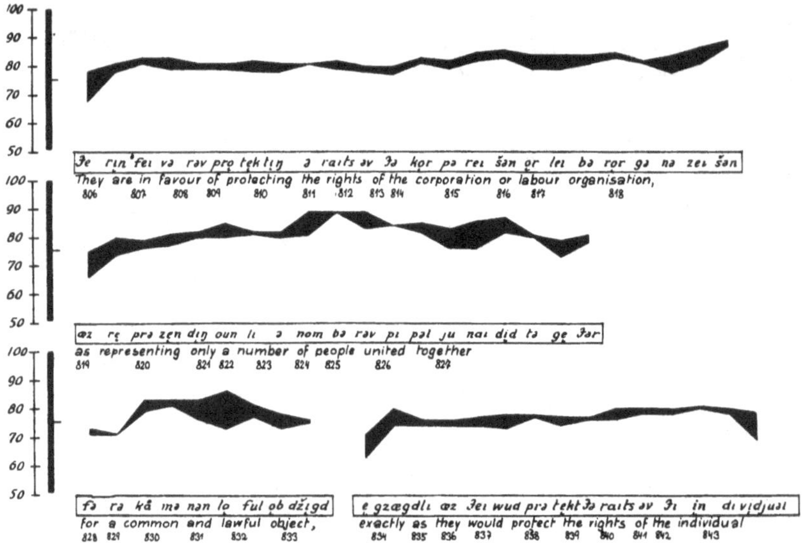

They are in favour of protecting the rights of the corporation or labour organisation,
as representing only a number of people united together
for a common and lawful object,
exactly as they would protect the rights of the individual

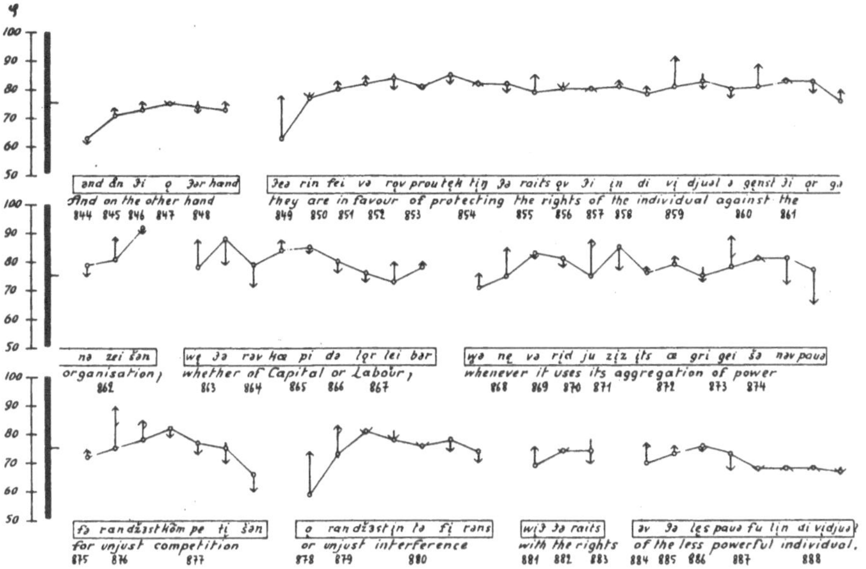

100
90
80
70
60
50
And on the other hand
844 845 846 847 848
they are in favour of protecting the rights of the individual against the
849 850 851 852 853 854 855 856 857 858 859 860 861
organisation,
862
whether of Capital or Labour,
863 864 865 866 867
whenever it uses its aggregation of power
868 869 870 871 872 873 874
for unjust competition
875 876 877
or unjust interference
878 879 880
with the rights
881 882 883
of the less powerful individual.
884 885 886 887 888

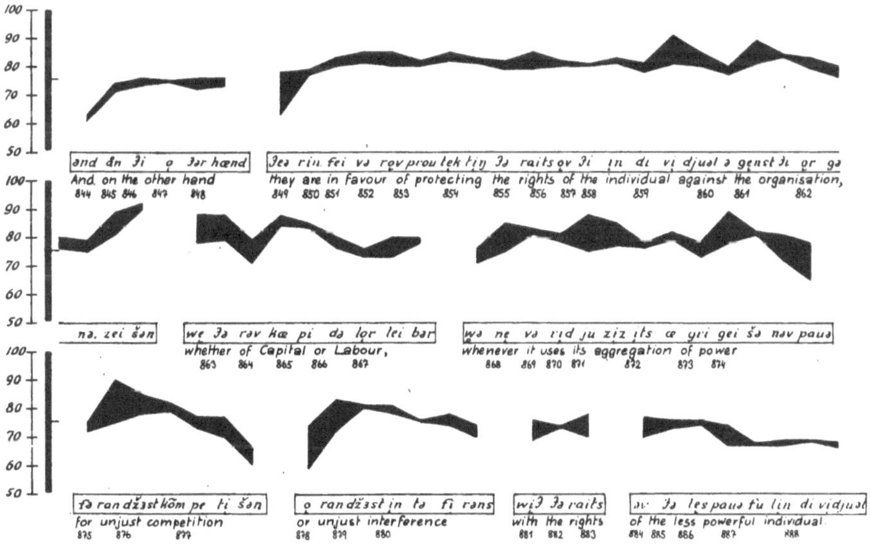

100
90
80
70
60
50
And on the other hand
844 845 846 847 848
they are in favour of protecting the rights of the individual against the organisation,
849 850 851 852 853 854 855 856 857 858 859 860 861 862
whether of Capital or Labour,
863 864 865 866 867
whenever it uses its aggregation of power
868 869 870 871 872 873 874
for unjust competition
875 876 877
or unjust interference
878 879 880
with the rights
881 882 883
of the less powerful individual.
884 885 886 887 888

TAFEL 44

Wortlisten zur Quantität der Vokale.

i

Vor stl.Expl.

		W
4 cs	which	92
	which	742
5 cs	which	40
6 cs	which	362
	which	499
7 cs	which	414
	its	546
	its	583
	its	871
8 cs	its	661
9 cs	which	17
	it	397
	its	559
	rich	780
10 cs	rich	726
12 cs	rich/	785
18 cs	rich/	207

- - - - - - - - - - -

8 cs	pricking	355
10 cs	fitness	609
13 cs	conviction	637

- - - - - - - - - - -

6 cs	particular	507

Vor sth.Expl.

7 cs	it (d)	702
8 cs	it "	509
9 cs	it "	869

- - - - - - - - - - -

7 cs	admitted (d)	721
8 cs	contribute	249
	forbidding	571

- - - - - - - - - - -

7 cs	liberties	78
	contributed	472
8 cs	legitimate(d)	115
	individual	508
	individual	888
9 cs	individual	843
10 cs	legitimate(d)	167
	individual	859

Vor stl.Spir.

8 cs	this	710
9 cs	this	686

- - - - - - - - - - -

8 cs	misled	322
9 cs	conditions	488
10 cs	system	566
	suspicions	647
11 cs	competition	877
14 cs	issues	39
20 cs	issues	413

- - - - - - - - - - -

5 cs	misunderstanding	344
7 cs	misrepresentation	28
8 cs	discontent	158
	discontented	295
13 cs	judiciary	70

Vor sth.Spir.

4 cs	with	881
5 cs	with	65
	with	535
	is	654
7 cs	is	544
8 cs	this	14
10 cs	this	308
	is	687
	this	764
	's	776
12 cs	is	93
15 cs	is/	309
19 cs	this/	314
27 cs	is/	756

- - - - - - - - - - -

7 cs	giving	563
9 cs	given	263
11 cs	business	168
12 cs	business	103
13 cs	business	174
14 cs	business	110

- - - - - - - - - - -

8 cs	livery	701

Vor Nas.od.Liq.

3 cs	in	503
4 cs	in	709
5 cs	in	411
6 cs	in	616
7 cs	in	597
	in	692
	in	751
	in	787
	in	807
8 cs	in	310
	in	423
	in	768
9 cs	in	430
	in	496
	thing/	612
13 cs	in	391
14 cs	think	3

- - - - - - - - - - -

6 cs	distinguish	133
10 cs	beginning	393
11 cs	into	264

- - - - - - - - - - -

6 cs	interest	753
10 cs	interests	381

- - - - - - - - - - -

4 cs	will	129
5 cs	will	703
8 cs	will	31
10 cs	will	19
	until	652

- - - - - - - - - - -

6 cs	hostility	161

i:

Vor stl.Expl.

		W
10 cs	speak	273
12 cs	weak/	195
15 cs	weak	199

- - - - - - - - - - -

8 cs	keeper	231
	people	450
	be temptation	519
9 cs	people	7
	people	186
	peoples	279
	people	805
	people	825
10 cs	people	245
	people	292
	people	317
	feature	455
	people	762
11 cs	people	373
	people	792
	equal	798
12 cs	people	717

Vor sth.Expl.

16 cs	indeed	704
23 cs	need/	626

Vor stl.Spir.

7 cs	teeth/	182
13 cs	we shall	49
14 cs	we shall	88
21 cs	see through	23

- - - - - - - - - - -

9 cs	specious	337

Vor sth.Spir.

15 cs	these	526

- - - - - - - - - - -

11 cs	neither	767
13 cs	neither	213
	neither	697
	evil	707
14 cs	reason	548
18 cs	reason	561

- - - - - - - - - - -

21 cs	unreasonable	512

Vor Nas.od.Liq.

7 cs	been	319
10 cs	we not	408
11 cs	between	134
	we must	591
	we must	638
12 cs	we not	120

12 cs between W725

- - - - - - - - - - - -

21 cs appeals 338

- - - - - - - - - - - -

24 cs yielded 528

- - - - - - - - - - - -

25 cs he represent 284

- - - - - - - - - - - -

8 cs hysteria 550
· interference 880
16 cs material 476

Vor Vokal.

8 cs be impartial 723
9 cs be able 20
10 cs be unreasonable 511
he is 775
12 cs be able 147
13 cs be able 130
be an 705

Im Auslaut.

10 cs employee/ 239
21 cs see/ 150

e

Vor stl.Expl.

10 cs protect 838
11 cs expect 410
13 cs effect/ 348
16 cs expect/ 514

- - - - - - - - - - - -

7 cs protective 439
8 cs perception 332
perception 377
9 cs protecting 810
protecting 854
10 cs protection 799
11 cs rejection 385

Vor sth.Expl.

19 cs misled/ 322

- - - - - - - - - - - -

8 cs bettered (d) 486
9 cs energetic(d) 630
11 cs second (g) 86

- - - - - - - - - - - -

7 cs recognise (g) 34
recognising(g)729
9 cs prejudices 341
11 cs education 12
education 353

Vor stl.Spir.

11 cs less 886

- - - - - - - - - - - -

10 cs oppression W748
11 cs oppression 524
efforts 643
suggestive 646

- - - - - - - - - - - -

10 cs especially 281
11 cs necessary 72
professional 223

Vor sth.Spir.

6 cs whether 863
7 cs whether 48
8 cs whether 87
10 cs whatever 752
11 cs present 101
together 827
13 cs whenever 868

Vor Nas.od.Liq.

4 cs when 712
6 cs when 525
7 cs against 860
9 cs represent 285
10 cs against 300
11 cs them/ 286
12 cs then 399
tenths 759
14 cs represent 172
15 cs discontent/ 158
them/ 540
men 691
18 cs them/ 275

- - - - - - - - - - - -

8 cs remedies 606
9 cs centuries 84
generally 720
10 cs representative280
representative446
11 cs representative 61
enterprises 169
12 cs energetic 630

- - - - - - - - - - - -

20 cs themselves 622

- - - - - - - - - - - -

14 cs welcome 90

- - - - - - - - - - - -

7 cs prosperity 91
9 cs American 6
inheritance 82
10 cs prosperity 436
14 cs American 693

æ

Vor stl.Expl.

15 cs manufacturer W229

- - - - - - - - - - - -

11 cs capitalist 218
statutory 605
capital 865

Vor sth.Expl.

15 cs exactly (gd) 834
16 cs dragons 181

- - - - - - - - - - - -

12 cs capital (b) 118
13 cs advocacy 588
capital (b) 737
15 cs capital (b) 462
aggregation 872

Vor sth.Spir.

8 cs as 835
10 cs as 819
12 cs as 276
15 cs has 470
16 cs as 71

Vor Nas.od.Liq.

6 cs and 139
and 170
7 cs and 159
and 627
8 cs and 698
9 cs and 11
and 469
and 747
10 cs and 328
11 cs and 105
and 342
12 cs and 85
13 cs and 382
14 cs and 445
16 cs hands 505
man 773
man 781
17 cs and 205
and 736
18 cs and 200
hands 266
19 cs man/ 224
man/ 685
20 cs man 669
man/ 677
hand/ 848
23 cs man/ 673

- - - - - - - - - - - -

10 cs cannot 2
12 cs banish 744

13 cs Anglo- W 601
14 cs expansion 111
misunderstanding 344
campaign 351
campaign 367
15 cs campaign 15
16 cs mandate 271
campaign 396
17 cs anti- 676
anti- 684
18 cs campaigns 312
- - - - - - - - - - - - - -
11 cs manager 236
- - - - - - - - - - - - - -
12 cs ballot 421
17 cs value 731
- - - - - - - - - - - - - -
12 cs clarifying 347
characterise 667
16 cs paralyse 641

e statt æ.

Vor sth.Spir.

6 cs have 318
7 cs has 484
9 cs have 370
10 cs has 463

Vor Nas.od.Liq.

6 cs and 404
- - - - - - - - - - - - - -
8 cs shall 743
12 cs shall 89
13 cs shall 50

ɑ:

Vor stl.Spir.

18 cs cast 422
- - - - - - - - - - - - - -
20 cs after 8

ʌ

1.) ʌ

Vor stl.Expl.

5 cs but 345
but 495
5 cs but 738
7 cs such 659
9 cs up 564
- - - - - - - - - - - - - -
8 cs conducting 166
10 cs production 468

Vor stl.Spir.

9 cs must W 639
11 cs just 656
12 cs must 592
13 cs adjust 603
just 94
18 cs unjust/ 688

Vor sth.Spir.

10 cs us/ 418
- - - - - - - - - - - - - -
10 cs other 311

Vor Nasal.

9 cs become 453
- - - - - - - - - - - - - -
6 cs country 178
7 cs country 711
country 765
14 cs unjust 688

2.) ɑ

Vor Nasal.

8 cs until 652
9 cs unjust 876
11 cs unjust 879

3.) ɑ̊

Vor stl.Expl.

8 cs up 157
up 243

Vor sth.Expl.

9 cs government 64
11 cs government 255

Vor stl.Spir.

16 cs enough 631
- - - - - - - - - - - - - -
11 cs custom 665

4.) ḁ

Vor stl.Expl.

12 cs up 299
- - - - - - - - - - - - - -
9 cs fustian 141
destruction 553

Vor sth.Expl.

6 cs public 694
8 cs bubbles 358
public 618
9 cs public 625
11 cs substance 136

Vor sth.Spir.

10 cs other W 847
- - - - - - - - - - - - - -
10 cs government 306

Vor Nasal.

10 cs some 655
12 cs one/ 269
- - - - - - - - - - - - - -
8 cs number 823
11 cs under 442
12 cs running 252

5.) ɜ

Vor stl.Expl.

10 cs up 594

Vor stl.Spir.

11 cs unjust 879
12 cs unjust 876
- - - - - - - - - - - - - -
10 cs discussions 364

Vor sth.Spir.

13 cs does 282

Vor Liquida.

9 cs encouragement 108

ɒ

Vor stl.Expl.

10 cs cannot [å] 2
13 cs not [å] 640
17 cs adopt/ [å] 405
- - - - - - - - - - - - - -
10 cs popular [å] 59

Vor sth.Expl.

13 cs not (d) [å] 189
not " [å] 719
14 cs not " [å] 259
not " [å] 518
16 cs not " [å] 121
17 cs not " [å] 283
not " [å] 409
22 cs fog 26
- - - - - - - - - - - - - -
10 cs modern [å] 457
11 cs demagogic [å] 360
13 cs progress 175
14 cs progress 434
object 833
16 cs progress 113
- - - - - - - - - - - - - -

12 cs whatever (d) W 752
13 cs property (b) 569
15 cs demagoguery [å] 30

Vor stl.Spir.

11 cs nostrum 389

- - - - - - - - - - - -

12 cs possible [å] 369
prosecute [å] 633

Vor sth.Spir.

5 cs of 432
of 800
of 857
6 cs of 13
of 715
of 734
8 cs of 853
9 cs of 648

Vor Nas.od.Liq.

5 cs upon 437
9 cs from 329
12 cs on 52
13 cs on [å] 845
21 cs strong/ 202

- - - - - - - - - - - -

11 cs promise [å] 361
12 cs promise [å] 143
13 cs common [å] 830

- - - - - - - - - - - -

13 cs confidence 615

----

10 cs policy [å] 741

----

16 cs majority [å] 429
25 cs majority 126

[o:]

Vor stl.Expl.

15 cs brought 371

Vor stl.Spir.

18 cs cost 466

- - - - - - - - - - - -

15 cs often 663
lawful 832

Vor sth.Spir.

17 cs for them 274

Vor Nas.od.Liq.

18 cs performance 138

----

15 cs all W 790
18 cs all 804
27 cs all 241

----

9 cs or an 674
12 cs or a 778
13 cs before us 417
or unjust 878
14 cs or a 551
or a 678
16 cs or an 682

Vor Vokal.

29 cs law is 543

Im Auslaut.

29 cs law/ 802

[u]

Vor sth.Expl.

5 cs would 296
would 837
7 cs good 650
8 cs should 517
11 cs good 599
13 cs would 154

Vor Liquida.

6 cs lawful 832
powerful 887

[u:]

Vor stl.Expl.

10 cs scrutiny 10

Vor sth.Expl.

11 cs two great 37

Vor stl.Spir.

8 cs use 116
9 cs truth/ 327
reduced 464
who show 620
12 cs truth 755

- - - - - - - - - - - -

8 cs abuses 764
15 cs abuses 596

- - - - - - - - - - - -

9 cs constitutional W 60
11 cs constitutional 444

Vor sth.Spir.

12 cs abuse/ 522
13 cs through the 24
15 cs whose 305
22 cs confused 320

- - - - - - - - - - - -

11 cs uses 870

Vor Nas.od.Liq.

7 cs unions 582
8 cs assuming 288

----

11 cs through legitimate 114
33 cs rule/ 447

- - - - - - - - - - - -

8 cs peculiarly 277

----

13 cs who represent 171
29 cs poor and 204

- - - - - - - - - - - -

7 cs during 16
13 cs injurious 388

Vor Halbvokal.

6 cs who would 153

Vor Vokal.

9 cs to all 803
10 cs who are 164
who are 211
11 cs too often 662
14 cs who are 183

Im Auslaut.

31 cs who/ 287
35 cs true/ 443

[ɜ:]

Vor sth.Expl.

11 cs diverted (d) 324

Vor sth.Spir.

20 cs stir them 297

Vor Nasal od.Liq.

10 cs permanent(prs) 56

----

19 cs stir up 156

ai

Vor stl.Expl.

14 cs rights W 840
16 cs I cannot 1
20 cs alike/ 307
22 cs rights 856
rights/ 883
29 cs rights 812

Vor sth.Expl.

16 cs might (d) 402

- - - - - - - - - - - - -

14 cs united (d) 826

Vor stl.Spir.

16 cs by specious 336
24 cs life/ 695
25 cs life/ 458

Vor sth.Spir.

18 cs by the 106
23 cs by the 448
30 cs alive 623

- - - - - - - - - - - - -

16 cs private 568

Vor Nas.od.Liq.

15 cs by maintaining 98
21 cs nine 758

----

18 cs by loudly 644

ei

Vor stl.Expl.

14 cs make 242
16 cs mandate 271

- - - - - - - - - - - - -

11 cs greatly 473

Vor sth.Expl.

12 cs trade 581
13 cs made 368
16 cs great (d) 125
21 cs wage 215

- - - - - - - - - - - - -

10 cs labour W 483
11 cs labour 684
labour 817
labour 867
12 cs labour 680
15 cs labour 735
28 cs labour 494

Vor stl.Spir.

14 cs place 613
16 cs placed 502
19 cs embrace/ 403
27 cs faith/ 651

- - - - - - - - - - - - -

11 cs corporation 676
12 cs formation 573
organisation 579
13 cs basis 57
education 353
organisation 750
14 cs basis 440
organisation 460
organisation 481
organisation 733
organisation 818
15 cs misrepresentation 28
basis 104
organisation 500
corporation 815
organisation 862
16 cs preservation 75
temptations 520
corporations 575
foundation 657
aggregation 872
17 cs organisation 451
20 cs education 12
26 cs corporation 672

Vor sth.Spir.

12 cs favour 808
14 cs favour 788
favour 852

- - - - - - - - - - - - -

13 cs favouring 739

Vor Nas.od.Liq.

11 cs they might 401
13 cs they may 145
16 cs campaign/ 15
25 cs campaign/ 396

- - - - - - - - - - - - -

15 cs maintaining 99

----

24 cs fail 32

- - - - - - - - - - - - -

10 cs railroad 236
17 cs prevailing 428

Vor Halbvok.u.h.

13 cs may we W 119
14 cs they have 257
they would 836
16 cs may we 407

Vor Vokal.

13 cs they all 247
14 cs they are 187
21 cs they all 240
day in 708

Im Auslaut.

36 cs way/ 602

e statt ei
==========

Vor stl.Expl.

16 cs take 593
18 cs create 160

Vor sth.Expl.

11 cs may be 146
17 cs great (d) 38
21 cs trade 435

- - - - - - - - - - - - -

9 cs courageous 628
15 cs able 148
16 cs able 21
17 cs able 131

Vor sth.Spir.

13 cs favour 431
favour 769

Vor Nasal.

17 cs campaign 351
19 cs campaigns 312
29 cs retain/ 51

- - - - - - - - - - - - -

13 cs remainder 302

Vor Halbvok.u.Vok.

10 cs they will 19
14 cs they are 196

au

Vor sth.Expl.

21 cs now before 416

- - - - - - - - - - - - -

18 cs loudly 645
25 cs undoubtedly(d)485

Vor Nasal.

17 cs sound W 433
26 cs ground 54
28 cs ground 585

ou

Vor sth.Expl.

19 cs no ground 584

Vor stl.Spir.

10 cs socialism 590

Vor sth.Spir.

21 cs those 77
26 cs those 163
those/ 304
29 cs those 152

Vor Nas.od.Liq.

27 cs own 380

- - - - - - - - - - - - - -

14 cs only 821

---

18 cs no livery 700
22 cs whole 556

---

19 cs no reason 547

Im Auslaut.

31 cs so/ 406

o statt ou
==========

Vor stl.Expl.

17 cs hope/ 122

Vor sth.Expl.

13 cs voters (d) 128

Vor stl.Spir.

15 cs must 690

- - - - - - - - - - - - - -

12 cs social 557

Vor sth.Spir.

23 cs show them 621

Vor Nasal od.Liq.

27 cs alone 190

- - - - - - - - - - - - - -

19 cs only 290

---

41 cs old 600

---

18 cs no reason 547

ɛr

Vor stl.Expl.

17 cs their prejudices 340

Vor sth.Expl.

15 cs their good 649

Vor stl.Spir.

16 cs therefore 471

Vor Nasal.

20 cs their misunder=standing 343
25 cs wear no 699

eə statt er
===========

Vor Halbvokal.

19 cs their welfare 334

Im Auslaut.

33 cs welfare/ 335

ɑr

Vor stl.Spir.

16 cs impartial 724

Vor sth.Spir.

23 cs are the 80

Vor Nasal.

15 cs are neither 766
17 cs are neither 696
21 cs farmer 220

Im Auslaut.

42 cs are/ 46

aə statt ar
===========

Vor sth.Spir.

16 cs are the 197
21 cs are the 293
23 cs are the 184

Vor Nasal.

16 cs are not W 188

Vor h.

17 cs are here 41

ɔr

Vor stl.Expl.

11 cs or preventing 576
20 cs store-keeper 231

Vor sth.Expl.

28 cs order 558

Vor stl.Spir.

15 cs or forbidding 570

Vor Nas.od.Liq.

12 cs for most 689
19 cs form 62

---

13 cs or labour 816
17 cs or labour 866

Im Auslaut.

30 cs door/ 97

oə statt or
===========

23 cs before this 313

ɜr

Vor stl.Expl.

17 cs clerk/ 234

Vor stl.Spir.

34 cs first/ 47

Vor sth.Spir.

15 cs servants 714
16 cs servants 619

Vor Nasal.

18 cs earner 215

Wortlisten zur Quantität der Konsonanten.

p

Vor Starkdr.n.Schwachdr.

8 cs	our popular [W]	59
9 cs	independence	67
	to public	625
11 cs	the people	245
	upon	437
	the people	717
	the people	762
	the people	792
12 cs	the people	292
	the people	450
	the public	618
13 cs	the people's	279
	the power	498
14 cs	the people	186
	the people	373
15 cs	appeals	338
	a policy	741
	a poor	772
17 cs	the poor	204

Vor Schwachdr.n.Starkdr.

7 cs	people	762
8 cs	capitalist	218
	people	717
	capital	865
9 cs	popular	59
10 cs	people	317
11 cs	keeper	231
	people	825
12 cs	people	792
13 cs	people	292

In druckschwacher Umgeb.

9 cs	corporations	575
10 cs	representative	61

t

Vor Starkdr.n.Schwachdr.

5 cs	between	134
7 cs	competition	877
8 cs	protecting	810
	protect	838
9 cs	particular	507
10 cs	constitutional	60
	between	725
	protection	799
11 cs	constitutional	444
	protecting	854
12 cs	retain	51
	protective	439
13 cs	material	476
14 cs	be temptation [W]	520
18 cs	the two	37

Vor Schwachdr.n.Starkdr.

6 cs	discontented	295
7 cs	preventing	577
9 cs	scrutiny	10
	fitness	609

In druckschwacher Umgeb.

5 cs	liberties	78
6 cs	inheritance	82
	at our	95
	it was	397
	representative	280
7 cs	hostility	161
	contributed	472
	prosperity	477
8 cs	prosperity	436
9 cs	necessary to	73
	capitalist	218
	statutory	605
10 cs	majority	429
	greatly to	474
11 cs	unfortunate and	192

k

Vor Starkdr.n.Schwachdr.

8 cs	become	453
9 cs	take up	593
	anti-corporation	676
10 cs	make up	242
	the campaign	396
	because	782
	the corporation	815
11 cs	the country	178
	other campaigns	312
	education	353
	the cost	466
	the custom	665
	because	774
12 cs	the capitalist	218
	a campaign	367
	our confidence	615
	a common	830
13 cs	education	12
	a campaign	351
14 cs	I cannot	2
	to characterise	667
15 cs	popular constitutional	60
18 cs	peculiarly	277

Vor Schwachdr.n.Starkdr.

9 cs	equal	798
10 cs	pricking	355

In druckschwacher Umgeb.

5 cs	a corporation [W]	677
6 cs	energetic enough	630
7 cs	to conviction	637
8 cs	American	6
	American	316
	American	693
10 cs	the conditions	488
11 cs	advocacy	588

f

Vor Starkdr.n.Schwachdr.

8 cs	offenders	635
	interference	880
9 cs	professional	223
10 cs	manufacturer	229
	before	313
11 cs	effect	348
	before	417
	the fitness	609
12 cs	a feature	455
13 cs	the fog	26
	the farmer	220
14 cs	the few	532
15 cs	the fustian	141

Vor Schwachdr.n.Starkdr.

8 cs	lawful	832
9 cs	powerful	887
11 cs	efforts	643

In druckschwacher Umgeb.

11 cs	clarifying	347
	the formation	573

s

Vor Starkdr.n.Schwachdr.

7 cs	assuming	288
9 cs	to see	23
10 cs	are sowing	180
	the system	566
12 cs	perception	332
	perception	377
	Anglo-Saxon	601
	the servants	714
14 cs	a sound	54
	the substance	136
16 cs	to see	150

Vor Schwachdr.n.Starkdr.

8 cs	necessary	72
	possible	369
	prosecute	633

		W
9 cs	basis	57
	basis	104
	use of	116
	place our	613
10 cs	abuses	746
11 cs	misunderstanding	344
	basis	440

In druckschwacher Umgeb.

8 cs	prejudices	341
	abuses	596
9 cs	necessary	72
	progress of	157
	this is	686
10 cs	courageous and	628
11 cs	advocacy	588
	fitness of	609
	loudly suggestive	646
12 cs	policy	741

ʃ

Vor Starkdr.n.Schwachdr.

9 cs	there should	517
10 cs	we shall	89
	who show	621
11 cs	we shall	50

Vor Schwachdr.n.Starkdr.

7 cs	education	12
8 cs	suspicious	647
	corporation	672
	aggregation	872
9 cs	organisation	460
	temptation	520
	suspicion	660
10 cs	constitutional	60
	discussions	364
	organisation	451
	organisation	500
	corporations	575
	socialism	590
	foundation	657
	anti-corporation	676
	corporation	815
	competition	877
11 cs	misrepresentation	28
	preservation	75
	professional	223
	especially	281
	specious	337
	oppression	524
	formation	573
	organisation	733
	organisation	750
	organisation	818
	organisation	862

		W
12 cs	judiciary	70
	education	353
	constitutional	444
	conditions	488
	organisations	579
	oppression	748
16 cs	organisation	481

b

Vor Starkdr.n.Schwachdr.

8 cs	the ballot	421
	forbidding	571
10 cs	abuse	522
11 cs	undoubtedly bettered	486
	abuses	596
13 cs	the business	174
15 cs	the bubbles	358
	abuses	746

Vor Schwachdr.n.Starkdr.

4 cs	able	148
	capital (b)	462
5 cs	able	21
	able	131
	contributed	472
	property (b)	569
6 cs	capital (b)	118
	may be	147
	labour	483
	labour	494
	labour	817
7 cs	liberties	78
	contribute	249
	labour	680
	labour	684
	labour	735
	capital (b)	737
	labour	867
8 cs	now before	417
9 cs	bubbles	358

In druckschwacher Umgeb.

7 cs	possible	369
8 cs	the beginning	393
	to by	530
	to be	723

d

Vor Starkdr.n.Schwachdr.

		W
2 cs	that are (d)	79
	that in (d)	390
3 cs	not any (d)	259
	that only(d)	289
	but in (d)	495
4 cs	great issues(d)	38
5 cs	good old	599
6 cs	production	468
7 cs	judiciary	70
	our door	97
	reduced	464
8 cs	the discontented	295
10 cs	especially does	282

Vor Schwachdr.n.Starkdr.

2 cs	not alone (d)	189
	diverted (d)	324
	not expect(d)	409
3 cs	legitimate(d)	115
	legitimate(d)	167
	might embrace(d)	402
	energetic (d)	630
	whatever (d)	752
4 cs	voters (d)	128
	modern	457
	bettered (d)	486
	forbidding	571
	admitted (d)	721
5 cs	united (d)	826
6 cs	undoubtedly (d)	485
	loudly	645

In druckschwacher Umgeb.

4 cs	to distinguish	133
	prejudices	341
	property (d)	569
5 cs	violated (d)	545
	remedies	606
	confidence	615
	capital (d)	737
6 cs	representative(d)	61
	the discussions	364
	capital (d)	462
	a destruction	553
	capital (d)	865
8 cs	representative(d)	446

g

Vor Starkdr.n.Schwachdr.

6 cs	demagoguery	W 30
7 cs	aggregation	872
8 cs	the government	255
	beginning	393
	against	860
9 cs	against	300
	demagogic	360
10 cs	the good	599
	together	827

Vor Schwachdr.n.Starkdr.

4 cs	recognising(g)	729
5 cs	recognise(g)	34
	second (g)	86
	economic (g)	102
6 cs	dragon's	181
	demagogic	360
7 cs	demagoguery	30
11 cs	fog of	26

In druckschwacher Umgeb.

2 cs	organisation	500
	organisation	733
3 cs	organisation	460
4 cs	organisation	451
	organisation	481
	organisation	579
	organisation	750
5 cs	organisation	818
	organisation	862

v

Vor Starkdr.n.Schwachdr.

4 cs	individual	843
5 cs	of any	267
	of organis..ion	732
	individual	859
	individual	888
6 cs	diverted	324
7 cs	the value	731
	of organisation	749
8 cs	November	424
	individual	508
	of all	789
10 cs	prevailing	428

Vor Schwachdr.n.Starkdr.

3 cs	government	64
4 cs	government	255

5 cs	given	W 263
	government	306
	private	568
	evil	707
	favour	769
	favour	788
	favour	852
	whenever	868
7 cs	favour	431
	livery	701
	favouring	739
	favour	808

In schwachtoniger Umgeb.

4 cs	of education	352
6 cs	of a	365
	whatever	752
	of a	770
	of an	796

z

Vor Starkdr.n.Schwachdr.

5 cs	is unjust	687
6 cs	representative	61
	represent	172
	organisation	460
	organisation	579
	organisation	733
	organisation	818
	representing	820
7 cs	business enterprises	168
	organisation	481
	organisation	750
	organisation	862
8 cs	represent	285
	representative	446
	organisation	451
	has undoubtedly	484
	organisation	500
9 cs	presented	43
10 cs	this is	308

Vor Schwachdr.n.Starkdr.

4 cs	these are	526
6 cs	uses	870
7 cs	preservation	75
14 cs	unreasonable	512
19 cs	present	101
20 cs	reason	548

In druckschwacher Umgeb.

2 cs	as a	670
6 cs	misrepresentation	28
	socialism	590
	uses its	870
	characterise a	667

7 cs	bubbles of	W 358
	recognising	729
9 cs	specious appeals	337
	abuses in	596
11 cs	business expansion	110

ð

Vor Starkdr.n.Schwachdr.

4 cs	for them	275
	before this	314
5 cs	to them	540
6 cs	to them	45

Vor Schwachdr.n.Starkdr.

3 cs	whether	48
4 cs	whether	87
	are the	294
	together	827
5 cs	by the	107
	stir them	298
	neither	767
	whether	863
6 cs	neither	213
	by the	449
7 cs	neither	697

In druckschwacher Umgeb.

3 cs	other	311
	other	847
4 cs	after the	9
	only the	291
	to the	475
	by the	531
	to the	608
5 cs	to the	74
	to the	251
	into the	265
	to their	340
7 cs	through the	25

m

Vor Starkdr.n.Schwachdr.

6 cs	the manufacturer	229
	American	316
	we must	639
7 cs	American	6
	they may	146
	the merchant	226
	the mandate	271
	them up	298
	formation	573

7 cs a man W 669
American 693
8 cs they might 402
we must 592
9 cs remainder 302
10 cs the many 537
12 cs them are 45

Vor Schwachdr.n.Starkdr.

4 cs remedies 606
common 830
5 cs performance 138
become a 453
6 cs permanent 56
by maintaining 99
economic 102
promise 361
7 cs demagoguery 30
demagogic 360

In druckschwacher Umgeb.

6 cs legitimate 115
7 cs legitimate 167
from a 329
the material 476
system of 566

n

Vor Starkdr.n.Schwachdr.

3 cs we not 121
are not 189
we not 409
4 cs an evil 706
united 826
whenever 868
5 cs an anti- 675
an equal 797
6 cs an anti- 683
7 cs enough 631
10 cs own interests 380
a number 823

Vor Schwachdr.n.Starkdr.

3 cs manager 236
any 268
generally 720
man as 669
4 cs cannot 2
many 210
manufacturer 229
campaign of 351
beginning 393
upon a 437
energetic 630
banish 744
5 cs maintaining 99
running 252
any 260
many 537

7 cs men in W 691

In druckschwacher Umgeb.

3 cs in other 310
organisation of 481
organisations 579
4 cs scrutiny 10
permanent 56
on a 52
professional 223
organisation 460
organisation of 460
5 cs constitutional 60
preservation of 75
expansion of 111
unfortunate 192
given into 263
organisation 481
organisation 500
formation of 573
in American 692
6 cs fustian of 142
perception of 332
rejection of 385
constitutional 444
organisation 733
organisation of 733
oppression of 748
organisation 750
corporation of 815
organisation 818
common and 830
7 cs education of 12
misrepresentation and 28
aggregation of 872
organisation 451
unreasonable 512
destruction of 553
organisation 862
11 cs protection of 799
17 cs perception of 377

l

Vor Starkdr.n.Schwachdr.

3 cs by loudly 645
4 cs no livery 701
5 cs anti-labour 684
the law 802
6 cs the law 543
7 cs deliberately 155
the less 886
8 cs alike 307
alive 623
10 cs alone 190
a labour 680

Vor Schwachdr.n.Starkdr.

3 cs peculiarly W277
4 cs violated 545
will indeed 703
policy 741
5 cs through legitimate 115
prevailing 428
6 cs hostility 161
ballot 421

In druckschwacher Umgeb.

3 cs particular 507
individual against 859
capital or 865
4 cs Socialism 590
people of 762
powerful individual 887
6 cs popular 59
7 cs especially 281
8 cs peculiarly 277
9 cs people and 792

r

Vor Starkdr.n.Schwachdr.

2 cs anti-corporation 676
3 cs to recognise 34
stir up 156
who represent 172
no reason 561
statutory remedies 606
courageous 628
corporation 815
labour organisation 817
the rights 856
4 cs poor and 205
the railroad 236
the running 252
corporations 575
their effort 642
labour and 735
the rights 812
5 cs a rich 780
or unjust 878
the rights 883
6 cs the rich 207
no reason 548
for unjust 875
7 cs corporation 672
8 cs their own 379

Vor Schwachdr.n.Starkdr.

		W
2 cs	injurious	388
3 cs	before us	417
	characterise	667
	American	693
	are in	807
4 cs	American	6
	majority	429
	paralyse	641
	interference	880
5 cs	encouragement	108
	majority	126
	material	476
	are in	787
	are in	850
6 cs	during	16
8 cs	hysteria	550

In druckschwacher Umgeb.

2 cs	favour of	788
	favour of	852
3 cs	demagoguery	30
	characterise	667
	or a	678
	livery	701
	favouring	739
4 cs	judiciary	70
	keeper and	231
	he represent	285
	or a	551
	number of	824
	statutory	605
	or a	682
	whenever it	868
5 cs	neither in	767
	or a	778
	favour of	808
	for a	828
	whether of	863
6 cs	a rejection	385
	or a	674
	generally	720
	whatever interest	752
7 cs	necessary	72
9 cs	remainder of	302

w

Vor Starkdr.n.Schwachdr.

		W
5 cs	the weak	195
	their welfare	335
	the world	480
7 cs	who would	154
	the weak	199

Vor Schwachdr.n.Starkdr.

4 cs	may we	120
6 cs	may we	408

In druckschwacher Umgeb.

3 cs	power which	499
4 cs	they will	19
	whether we	88
	they would	837
5 cs	whether we	49
7 cs	policy which	742

h

Vor Starkdr.n.Schwachdr.

		W
5 cs	are here	42
	the hands	266
6 cs	the whole	556
8 cs	many who	211

TAFEL 55

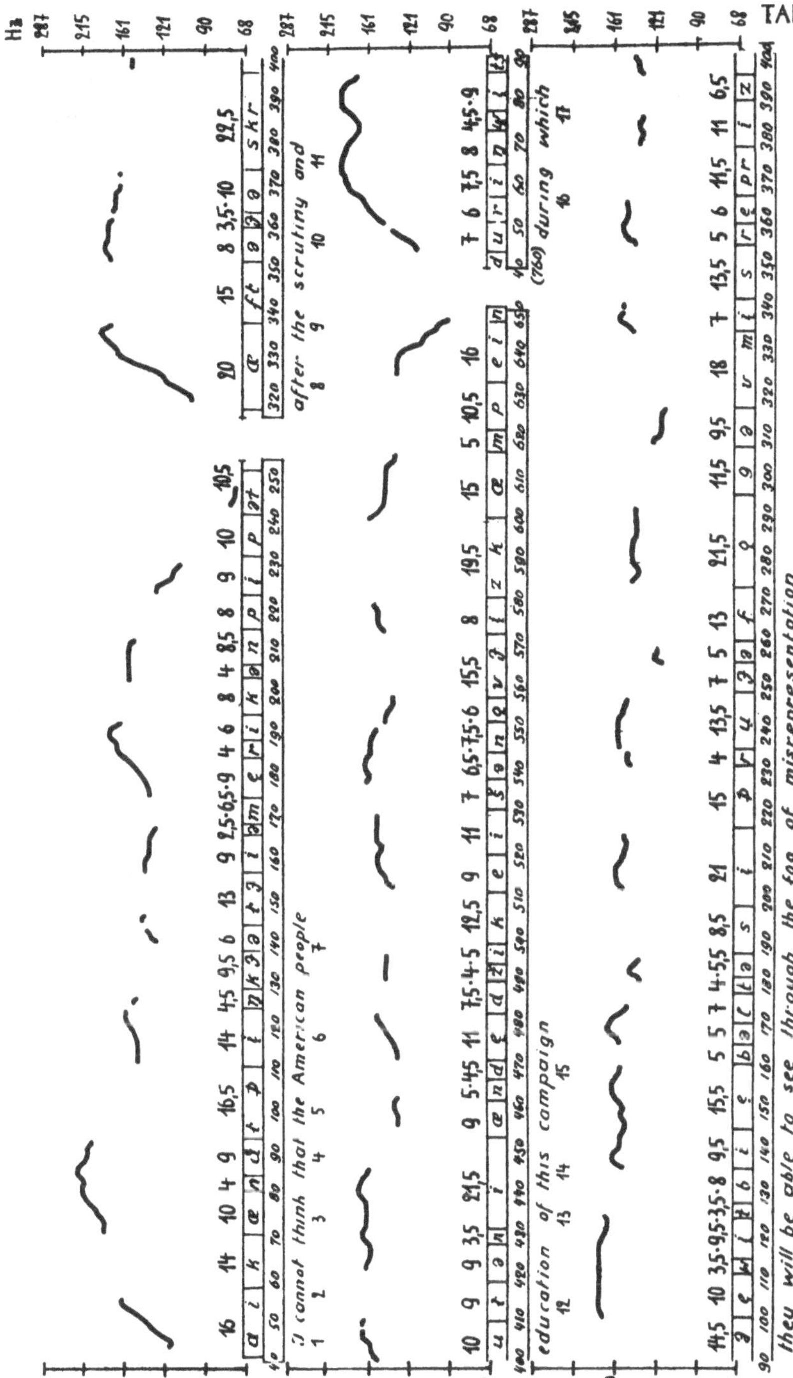

Hz
I cannot think that the American people
after the scrutiny and
(760) during which
education of this campaign
they will be able to see through the fog of misrepresentation

TAFEL 56

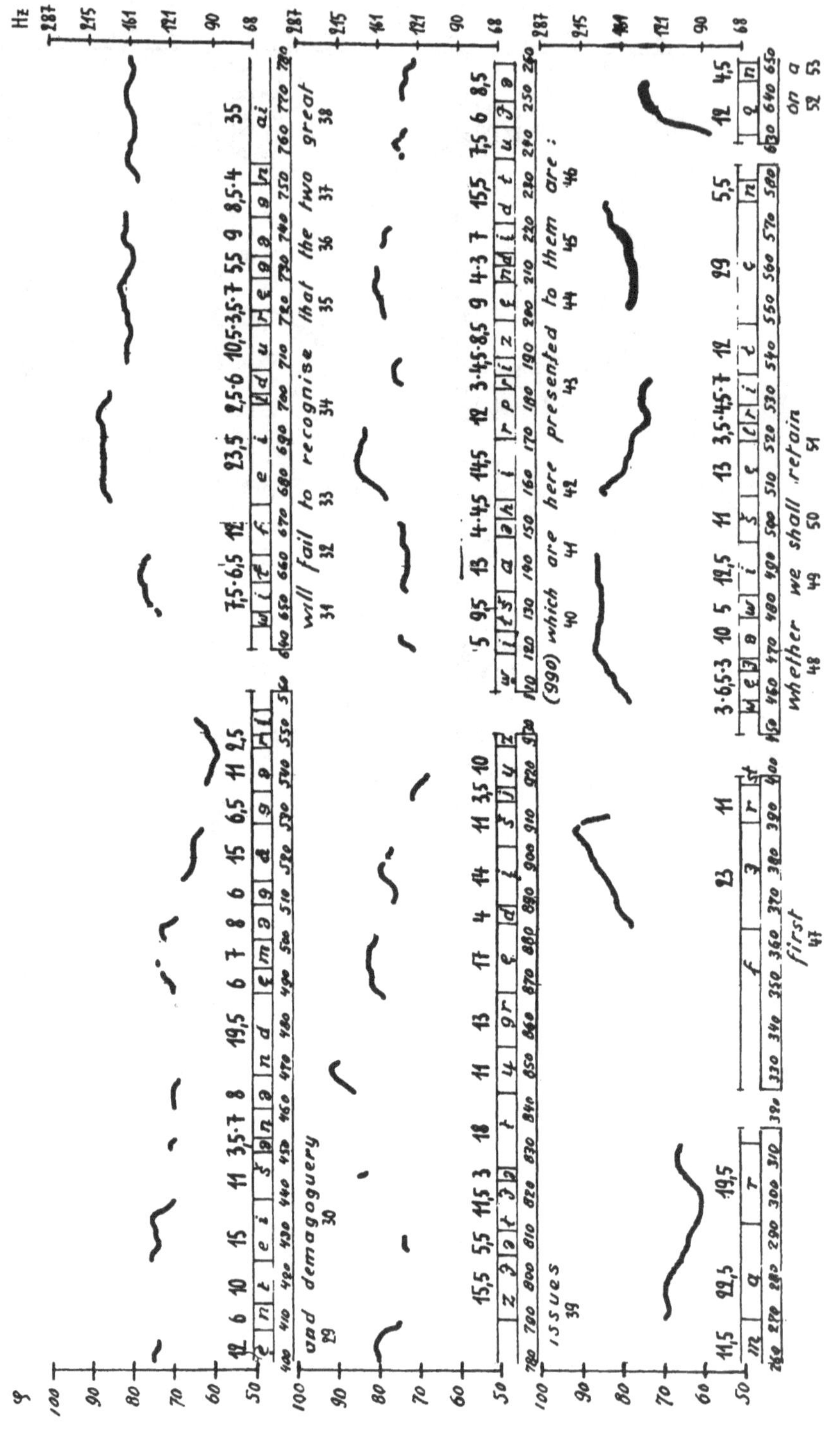

and demagoguery
29 30
will fail to recognise that the two great
31 32 33 34 35 36 37 38
issues
39
(990) which are here presented to them are:
40 41 42 43 44 45 46
first
47
whether we shall retain
48 49 50 51
on a
52 53

TAFEL 57

sound and permanent basis
our popular constitutional,
representative form of government,
with the independance
of the judiciary
as necessary to the preservation of those

TAFEL 58

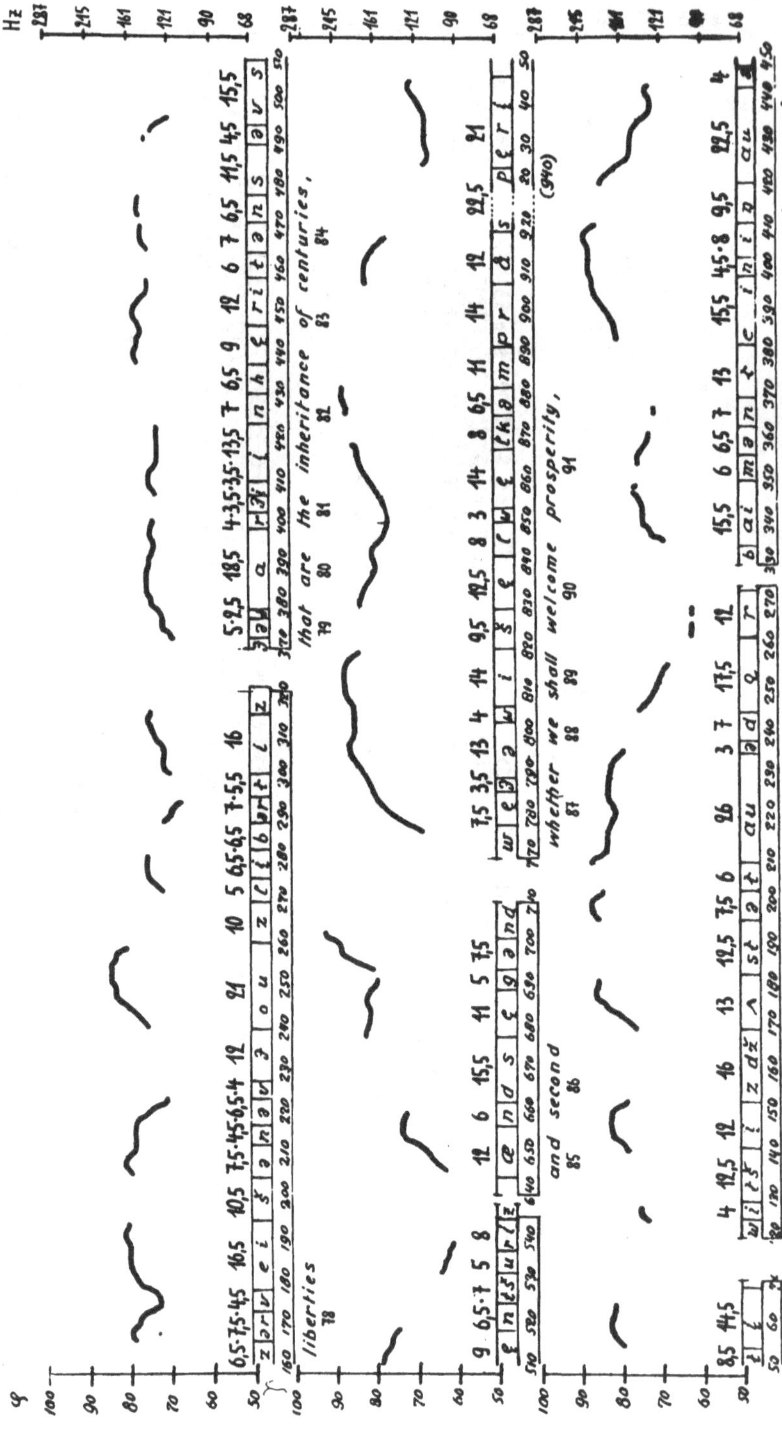

liberties
that are the inheritance of centuries,
and second
whether we shall welcome prosperity,
which is just at our door,
by maintaining our present economic

TAFEL 59

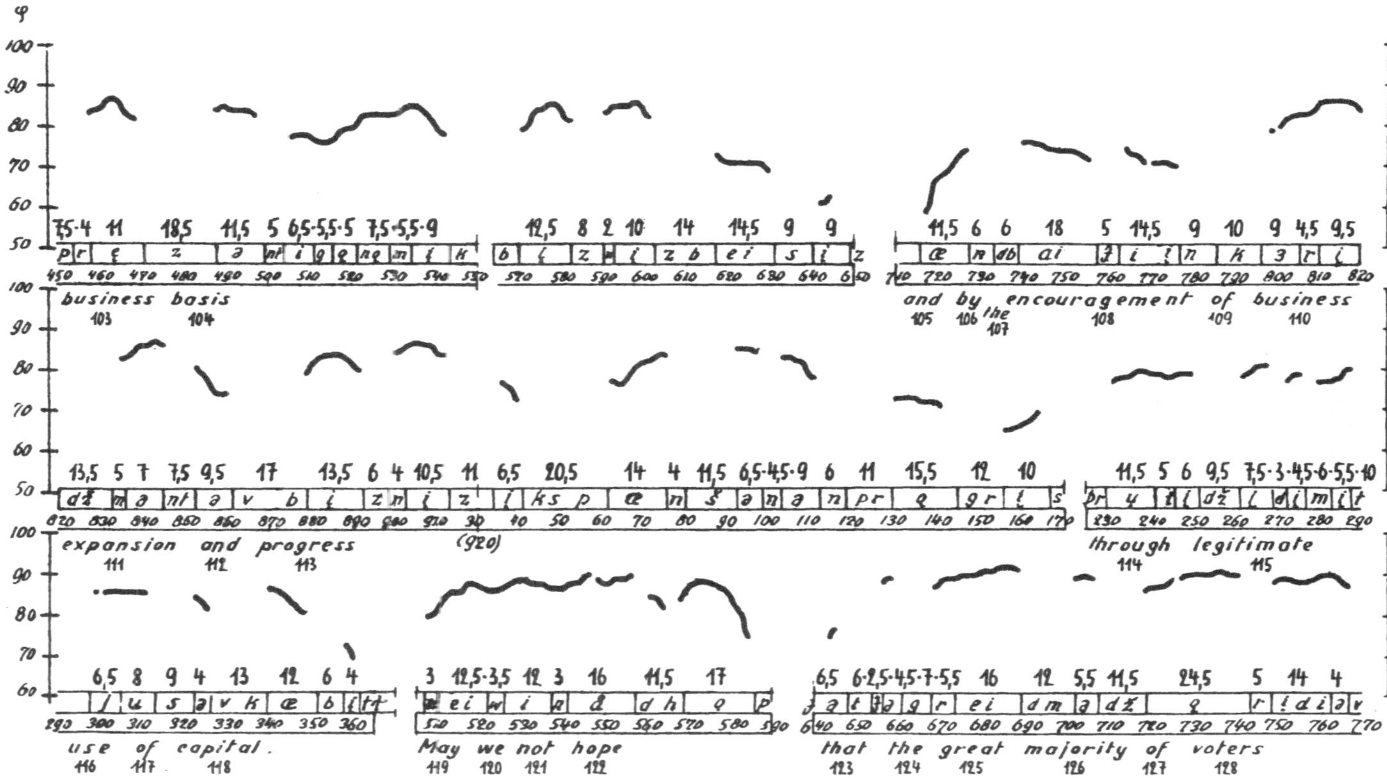

business basis
103 104
and by the encouragement of business
105 106 107 108 109 110
expansion and progress
111 112 113
(920)
through legitimate
114 115
use of capital.
116 117 118
May we not hope
119 120 121 122
that the great majority of voters
123 124 125 126 127 128

TAFEL 60

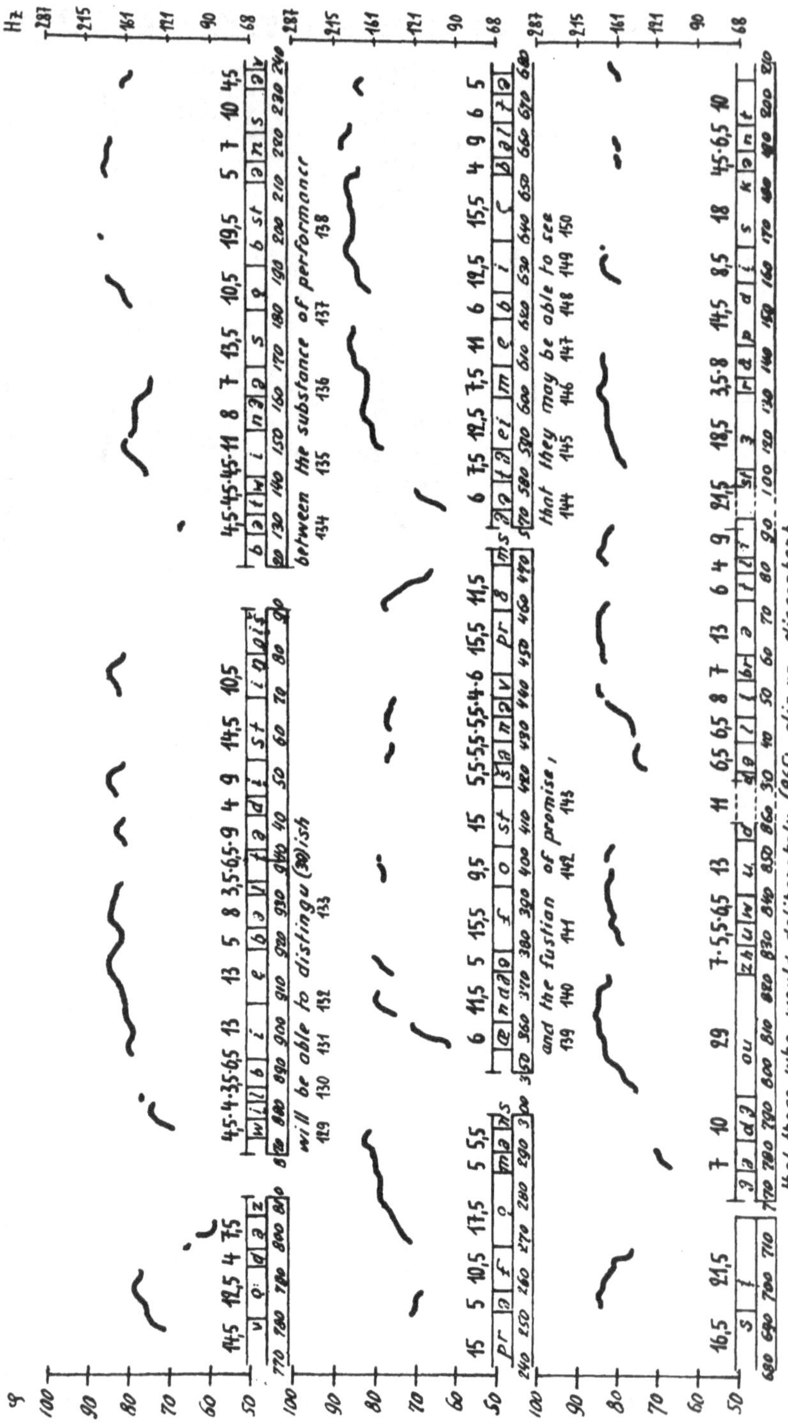

Hz
will be able to distingu (90) ish
between the substance of performance
and the fustian of promise,
that they may be able to see
that those who would deliberately (865) stir up discontent

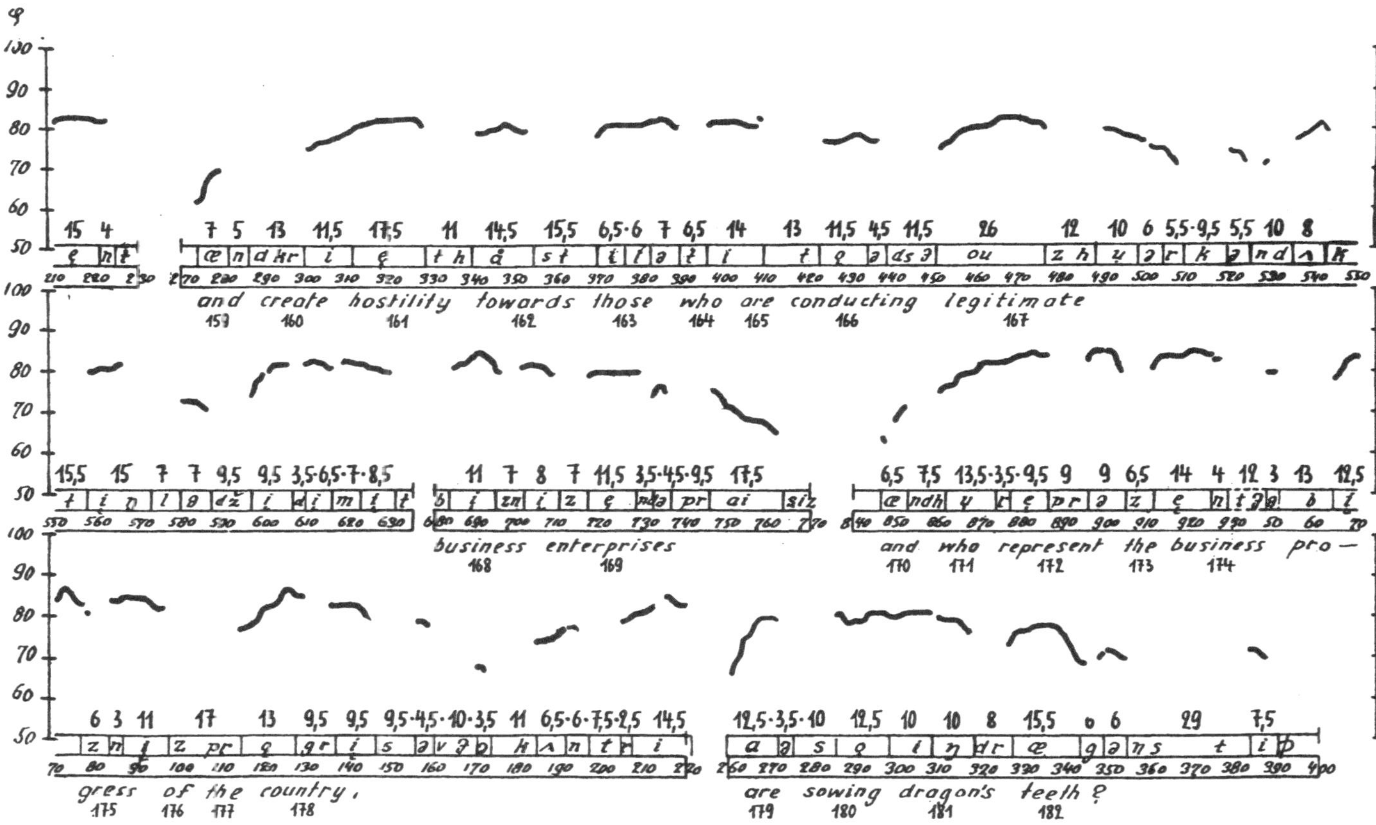
Hz
and create hostility towards those who are conducting legitimate
159 160 161 162 163 164 165 166 167
business enterprises
168 169
and who represent the business pro—
170 171 172 173 174
gress of the country,
175 176 177 178
are sowing dragon's teeth?
179 180 181 182

TAFEL 62

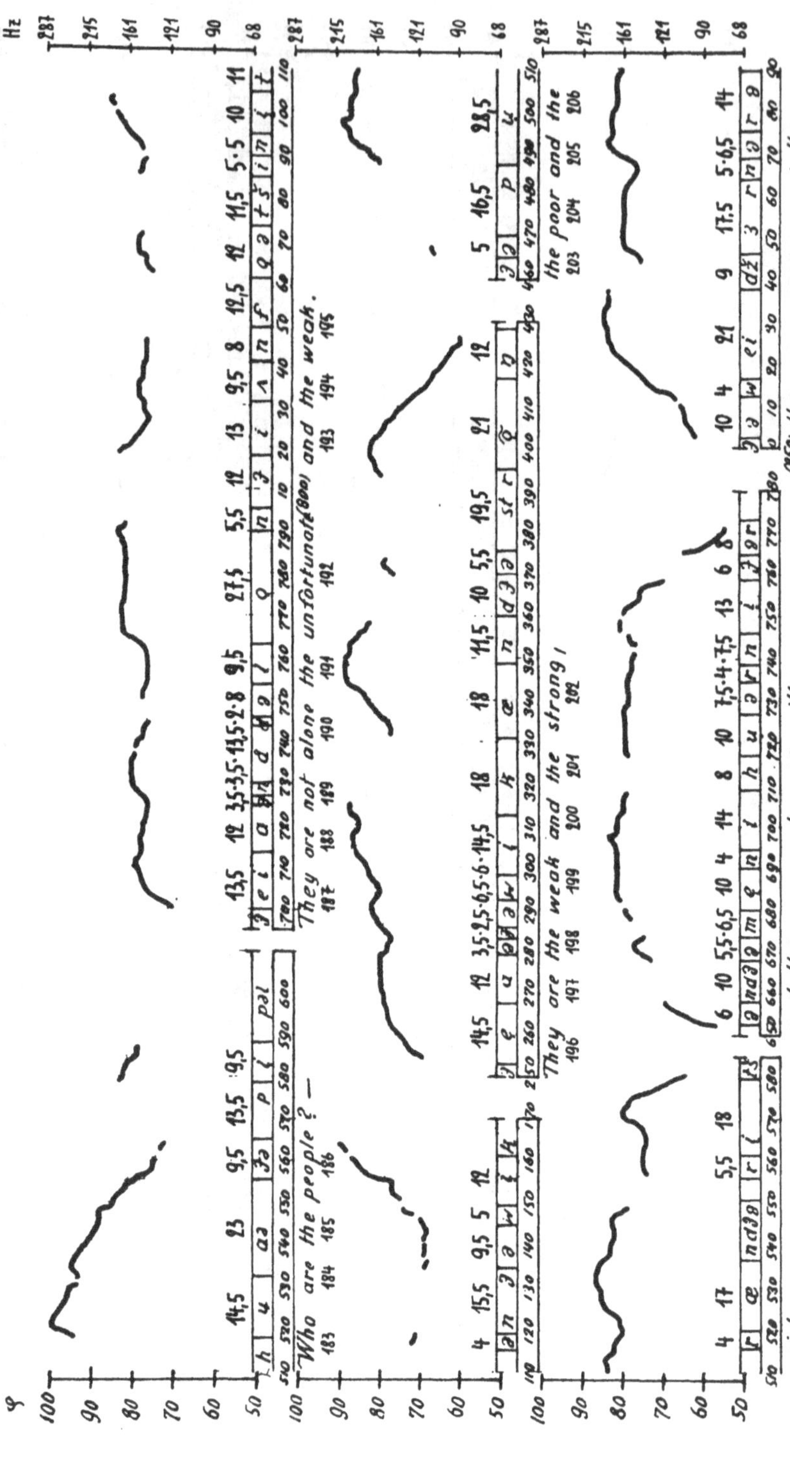
Who are the people? —
They are not alone the unfortunate and the weak.
They are the weak and the strong,
the poor and the rich,
and the many who are neither,
the wage-earner and the

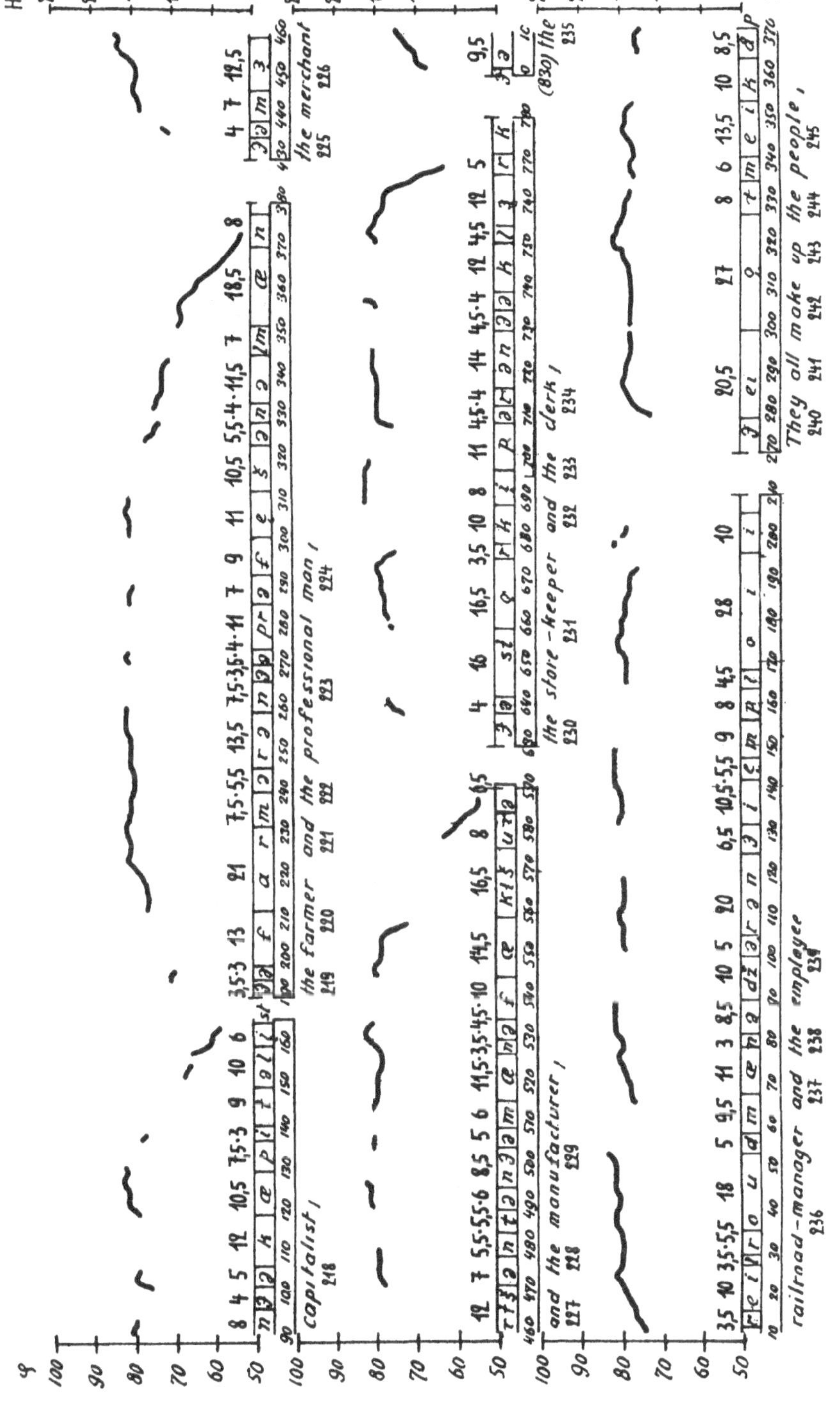
capitalist,
the farmer and the professional man,
the merchant
and the manufacturer,
the store-keeper and the clerk,
(830) the
railroad-manager and the employee
They all make up the people,

TAFEL 64

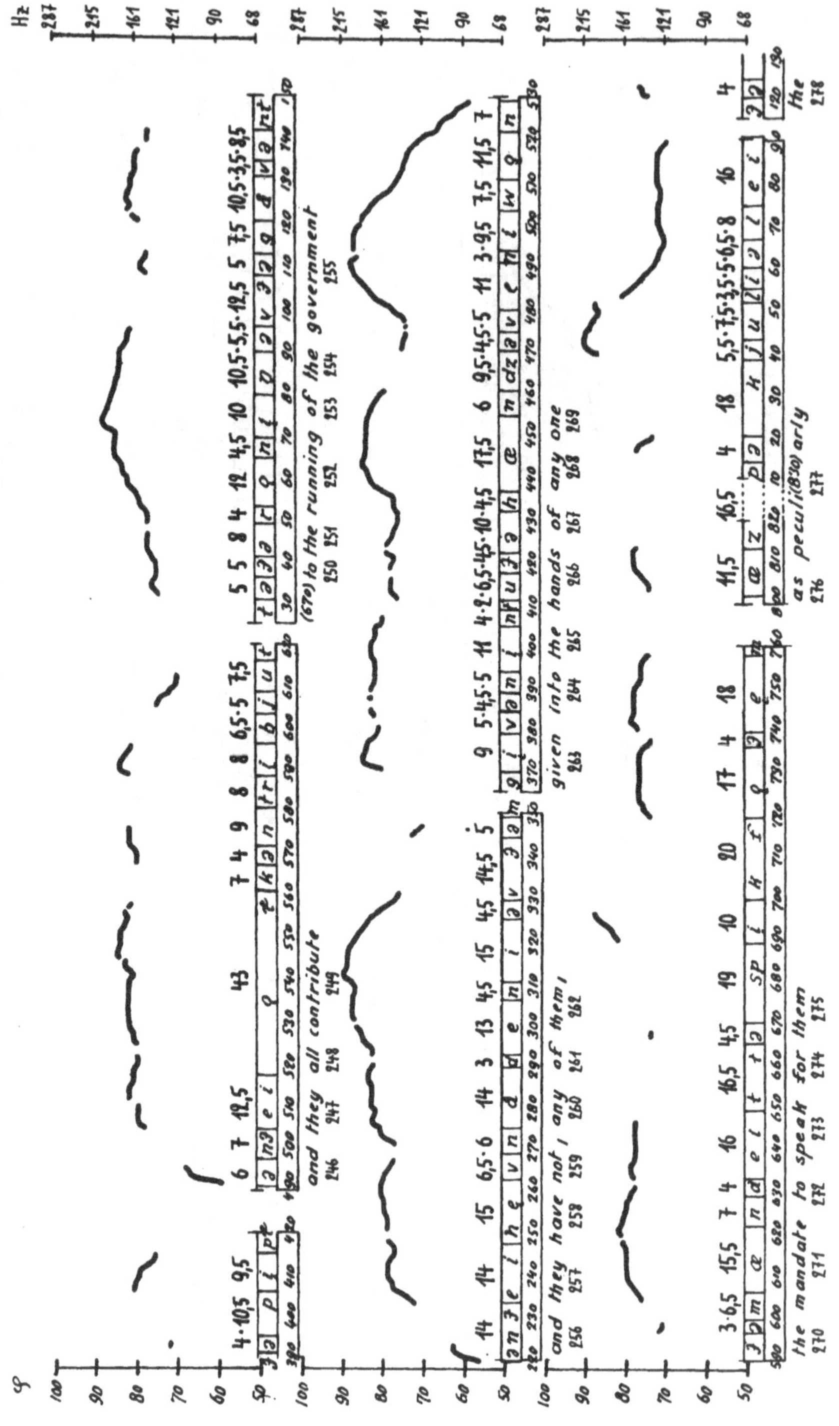
and they all contribute
(670) to the running of the government
and they have not, any of them,
given into the hands of any one
the mandate to speak for them
as peculi(830)arly
the

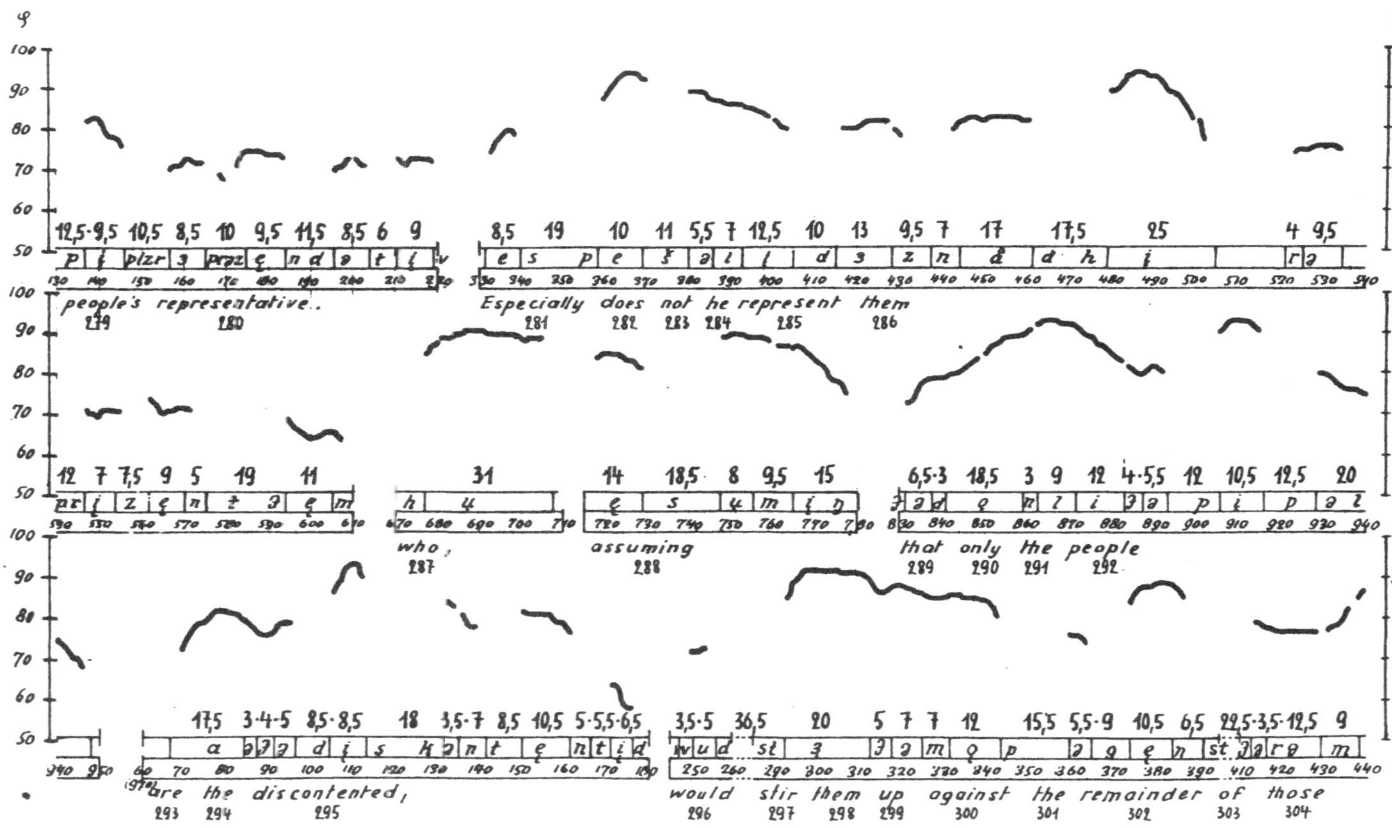
people's representative.
Especially does not he represent them
who,
assuming
that only the people
are the discontented,
would stir them up against the remainder of those

TAFEL 66

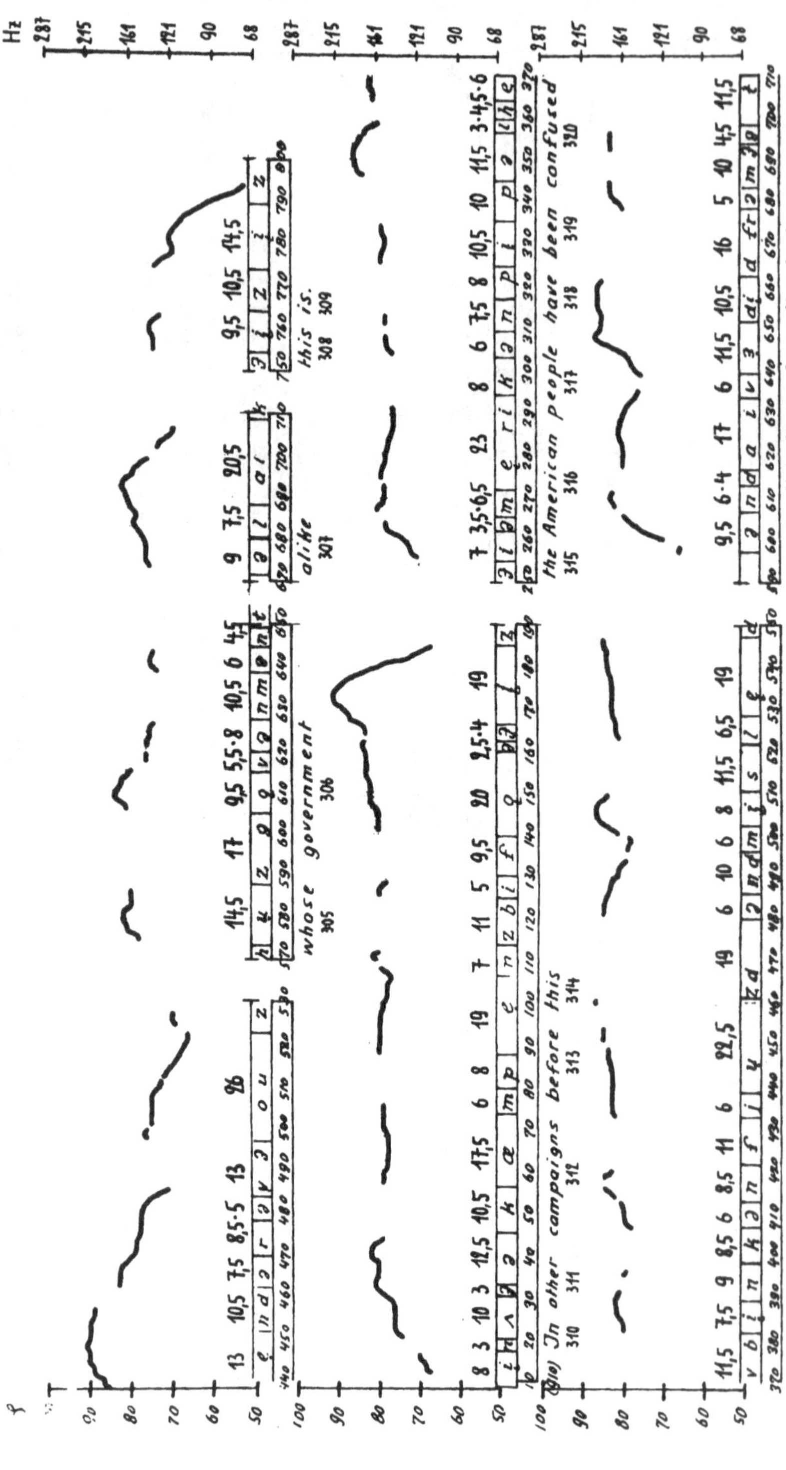
Hz
whose government
alike
this is
In other campaigns before this
the American people have been confused
and misled
and diverted from the truth

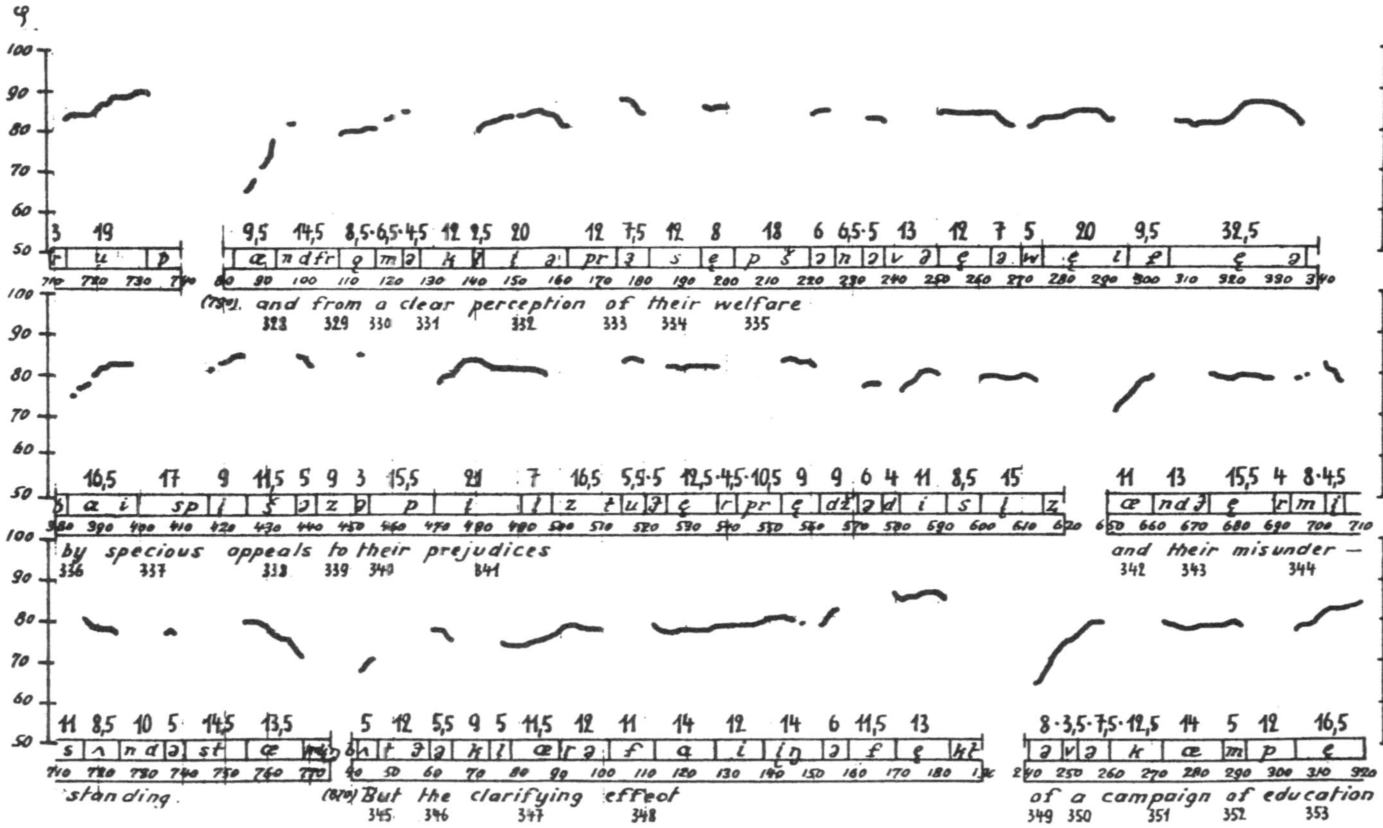

Hz
and from a clear perception of their welfare
by specious appeals to their prejudices
and their misunder —
standing.
But the clarifying effect
of a campaign of education

TAFEL 67

TAFEL 68

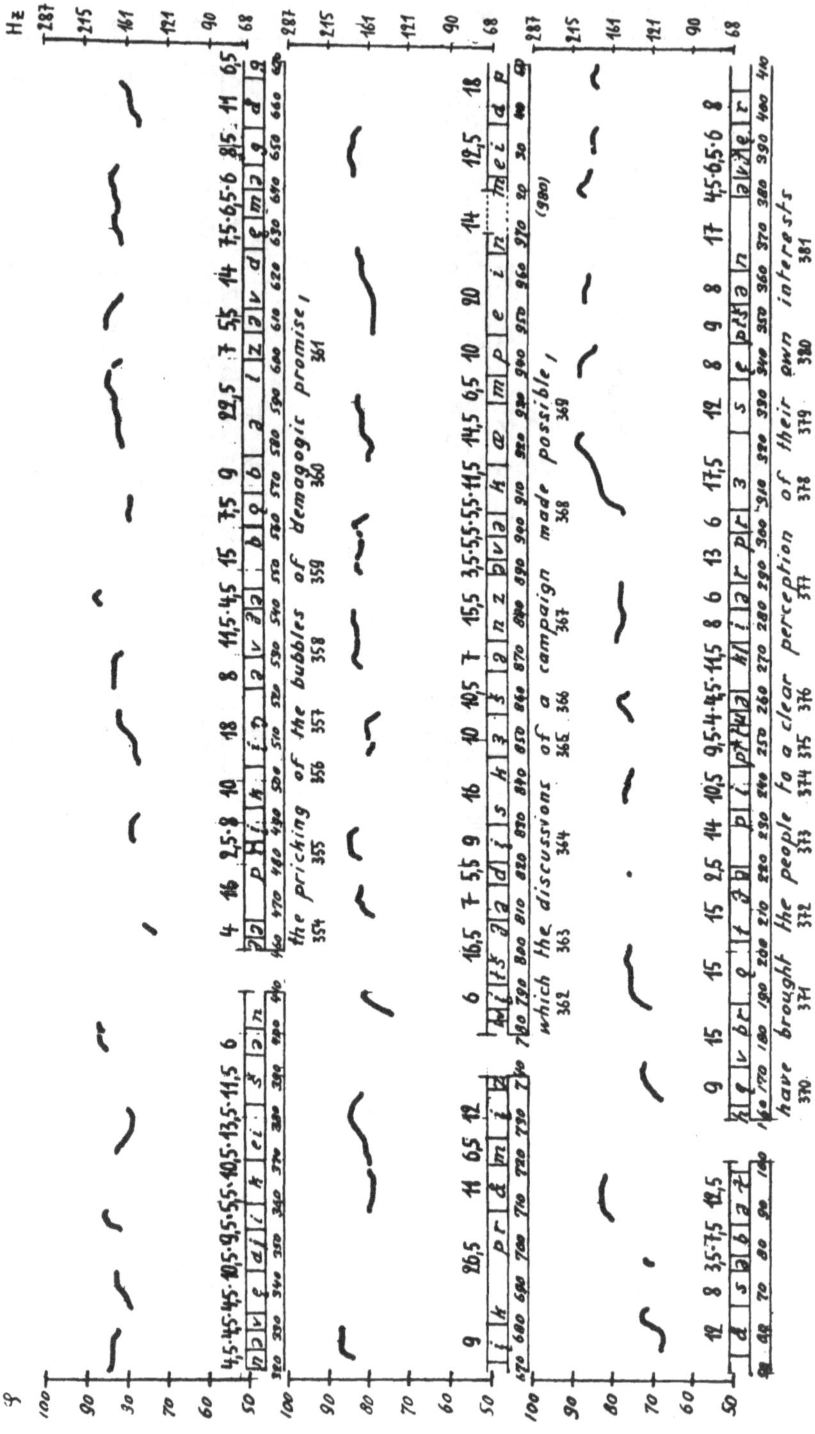
the pricking of the bubbles of demagogic promise,
which the discussions of a campaign made possible,
have brought the people to a clear perception of their own interests

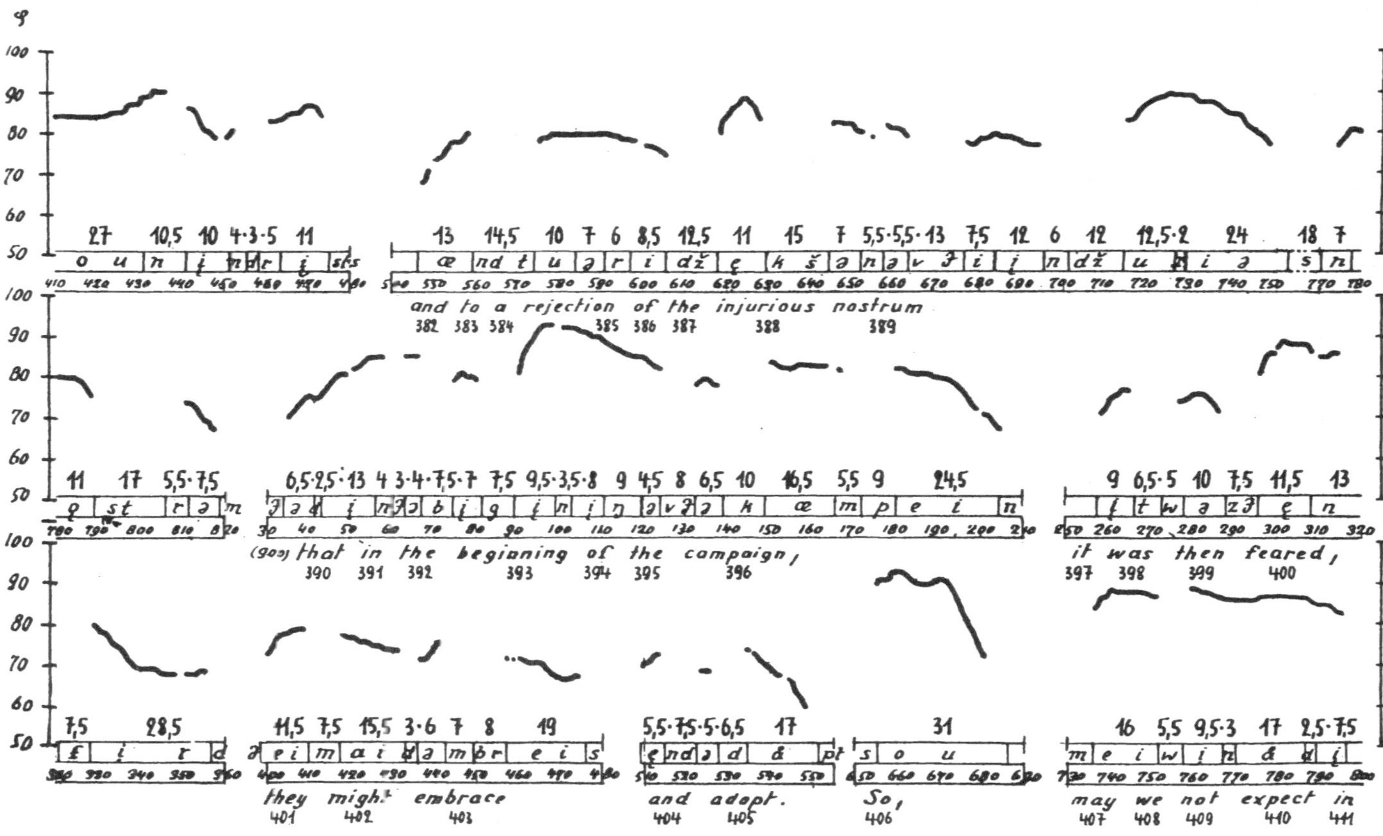
and to a rejection of the injurious nostrum
(goo) that in the begining of the campaign,
it was then feared,
they might embrace
and adopt.
So,
may we not expect in

TAFEL 70

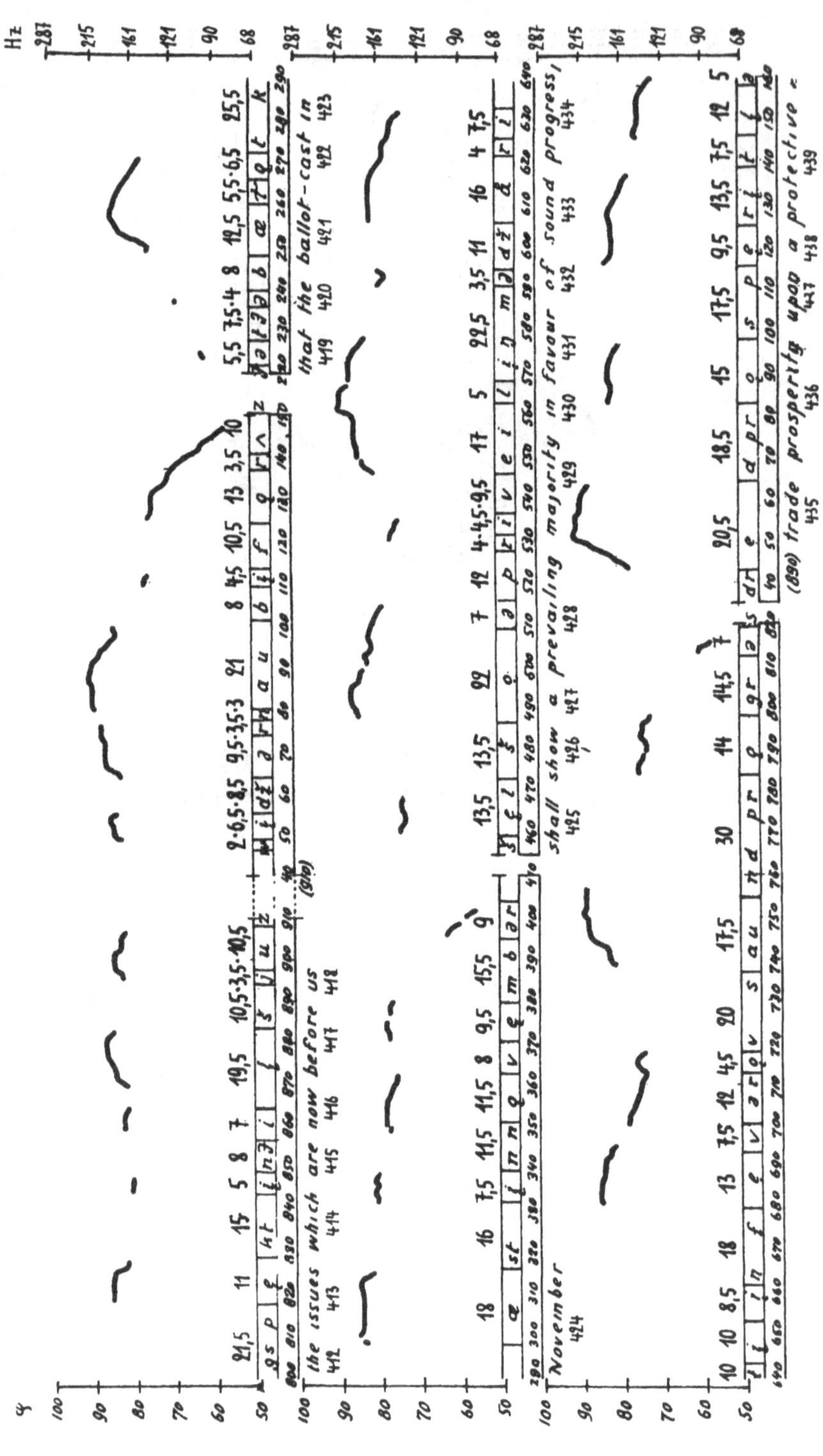

Hz
the issues which are now before us
that the ballot-cast in
November
shall show a prevailing majority in favour of sound progress,
trade prosperity upon a protective

TAFEL 71

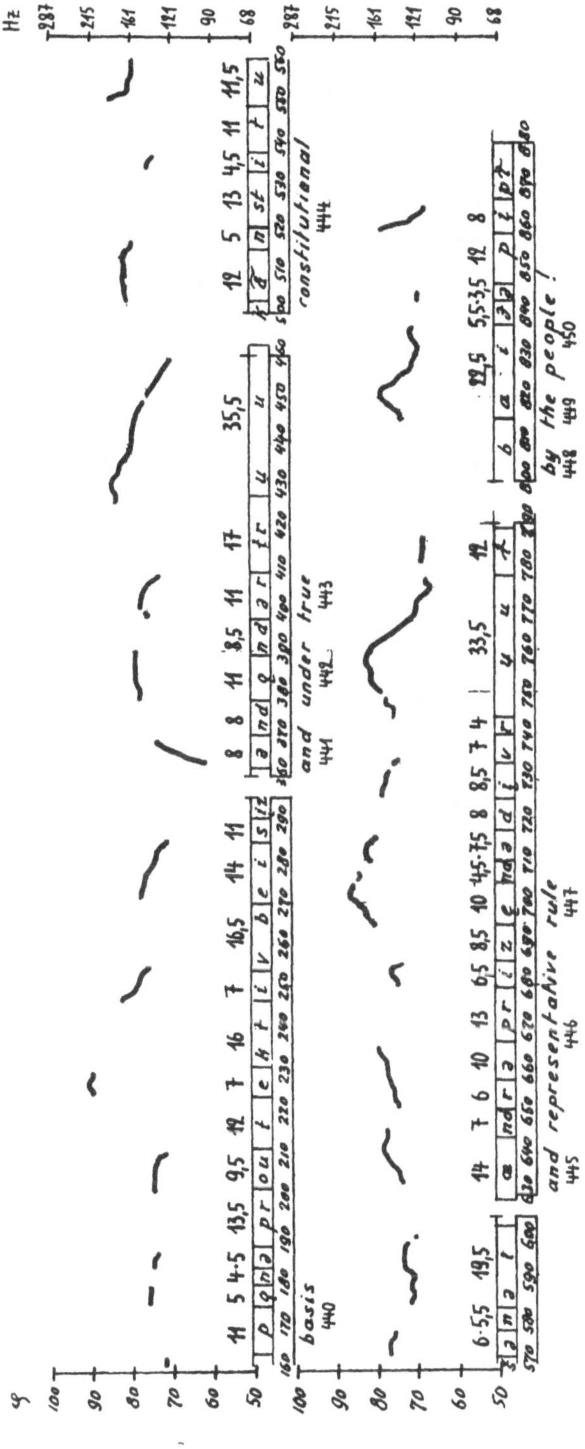

basis
and under true
constitutional
and representative rule
by the people!

TAFEL 72

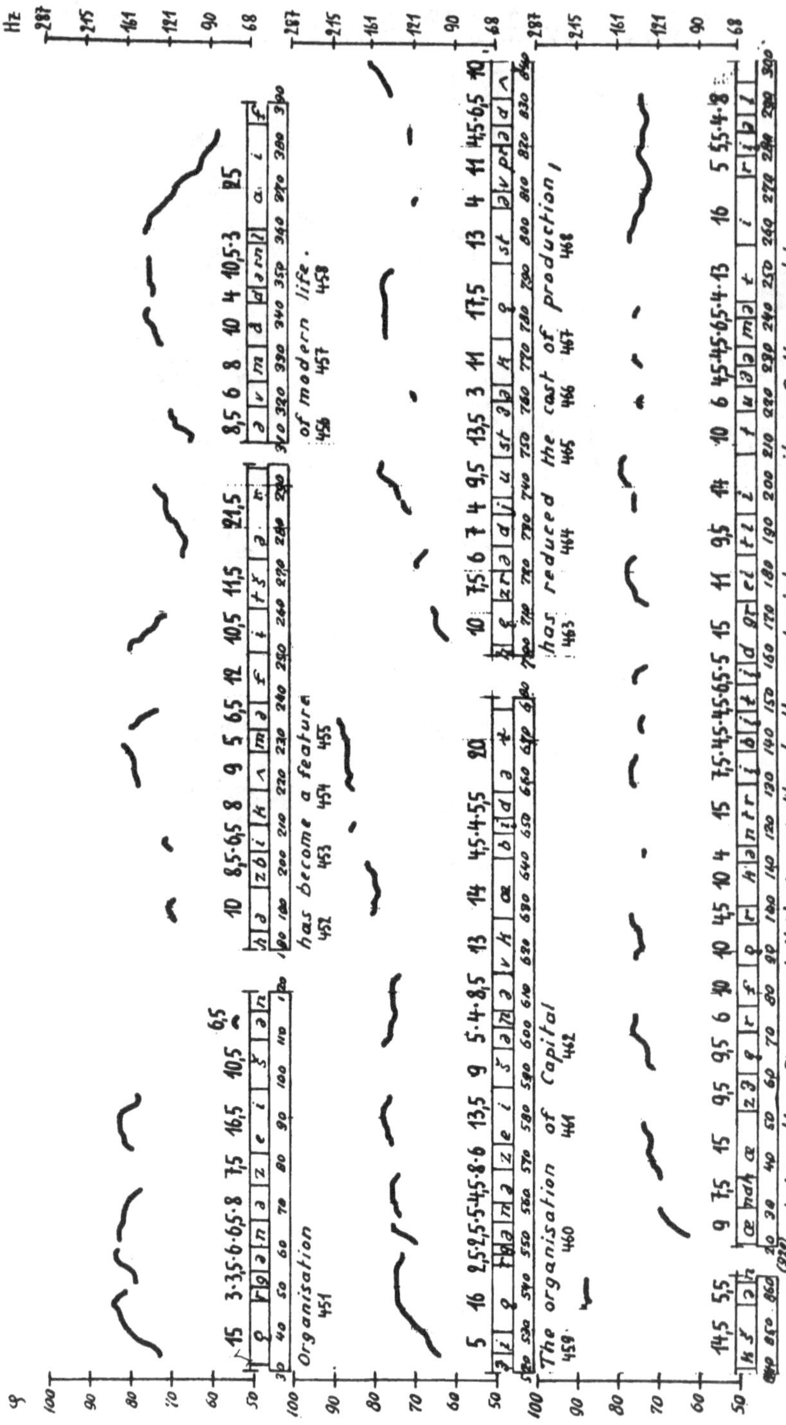
Organisation has become a feature of modern life.
The organisation of Capital has reduced the cost of production,
and has therefore contributed greatly to the material prosperity of the world.

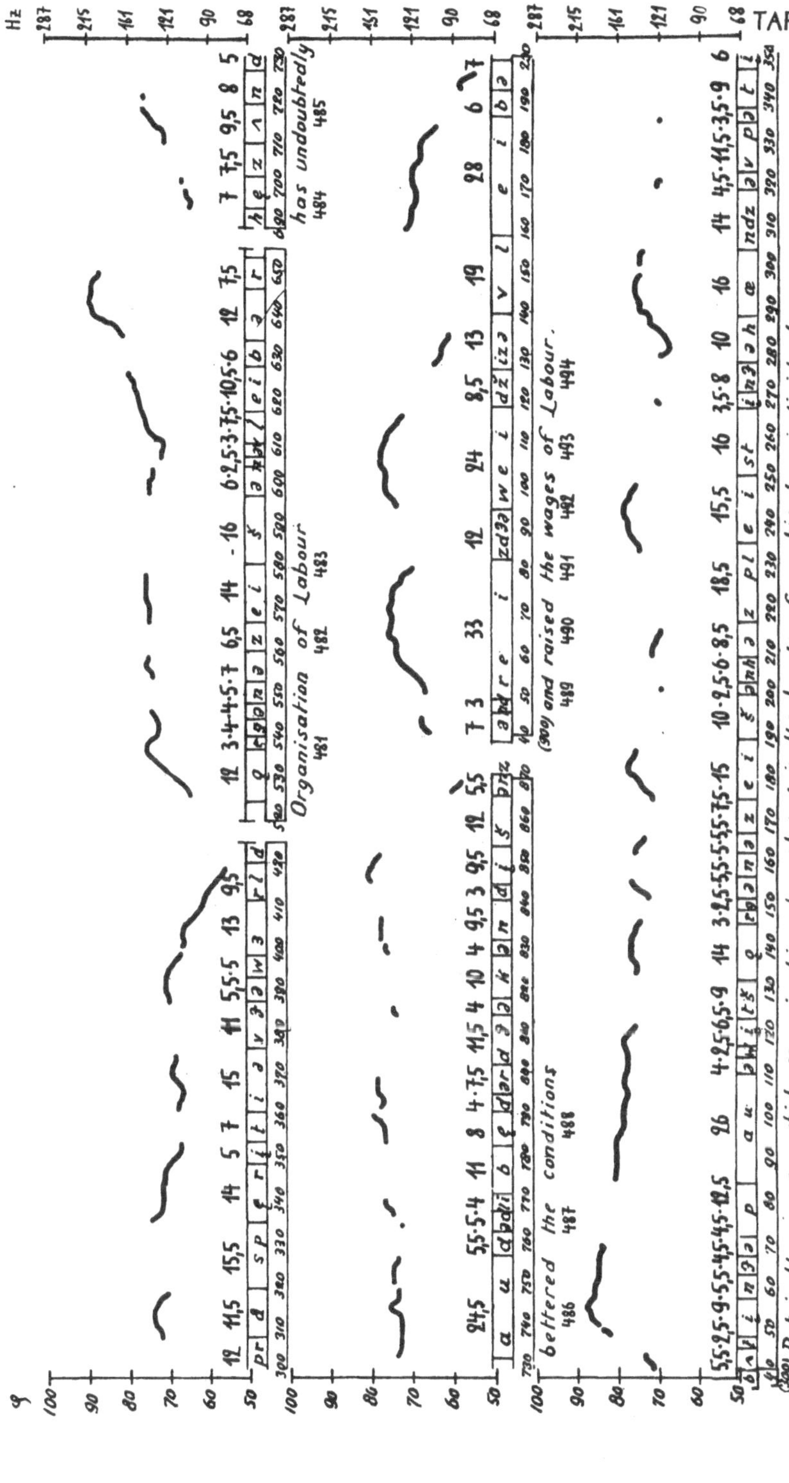
Organisation of Labour
has undoubtedly
bettered the conditions
(900) and raised the wages of Labour.
(300) But in the power which organisation has placed in the hands of particular individuals

TAFEL 74

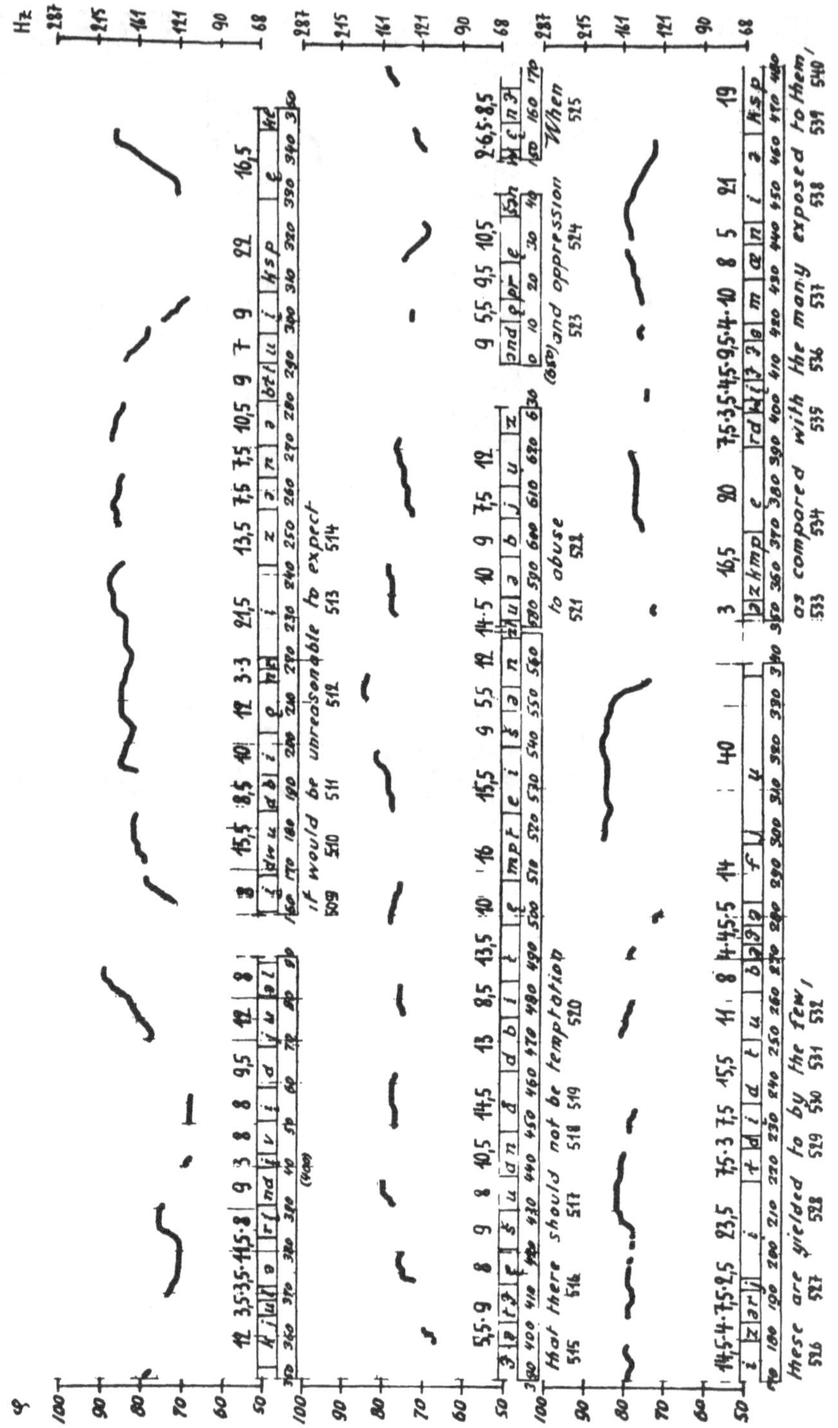
if would be unreasonable to expect
that there should not be temptation
to abuse
and oppression
When
these are yielded to by the few,
as compared with the many exposed to them,

TAFEL 75

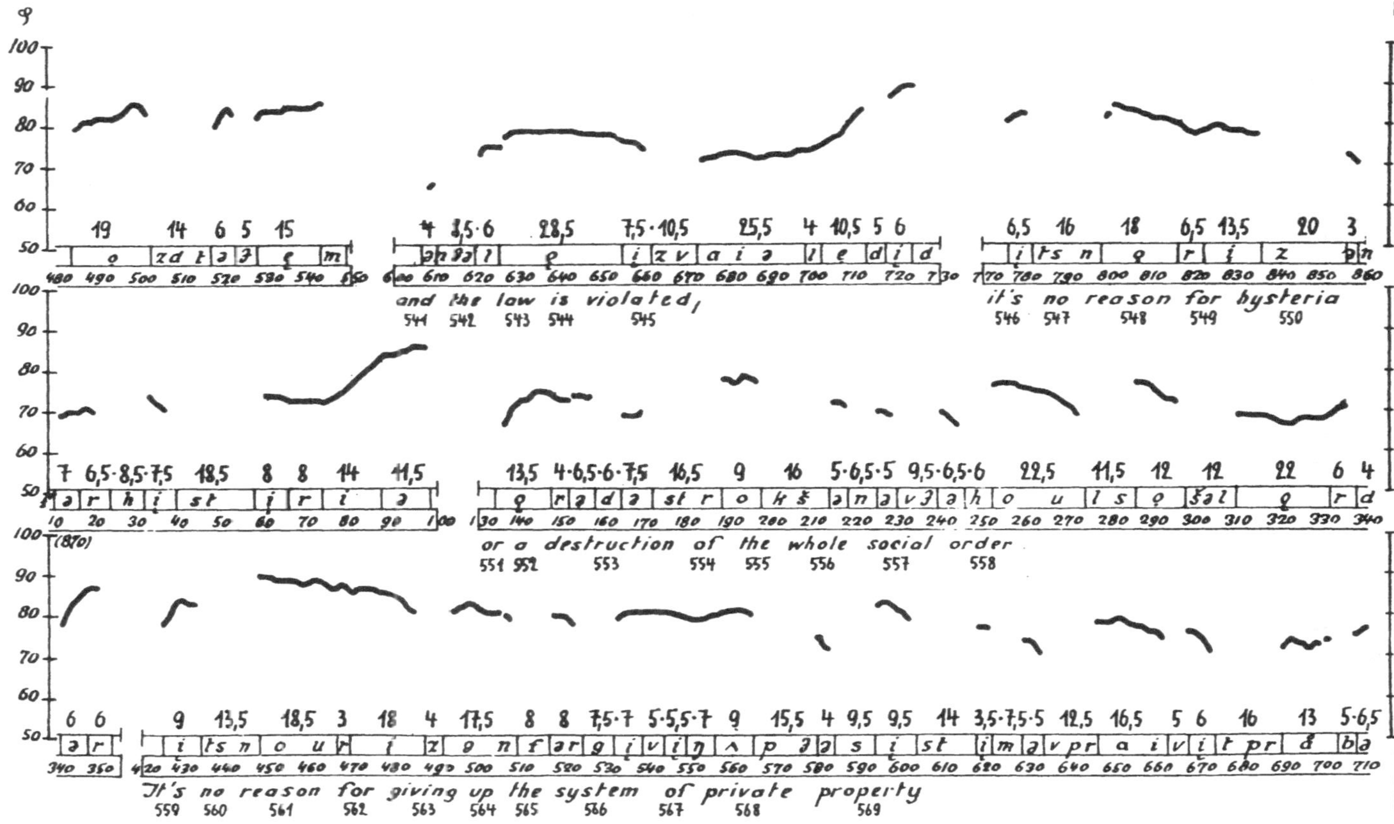
and the law is violated,
it's no reason for hysteria
or a destruction of the whole social order
It's no reason for giving up the system of private property

TAFEL 76

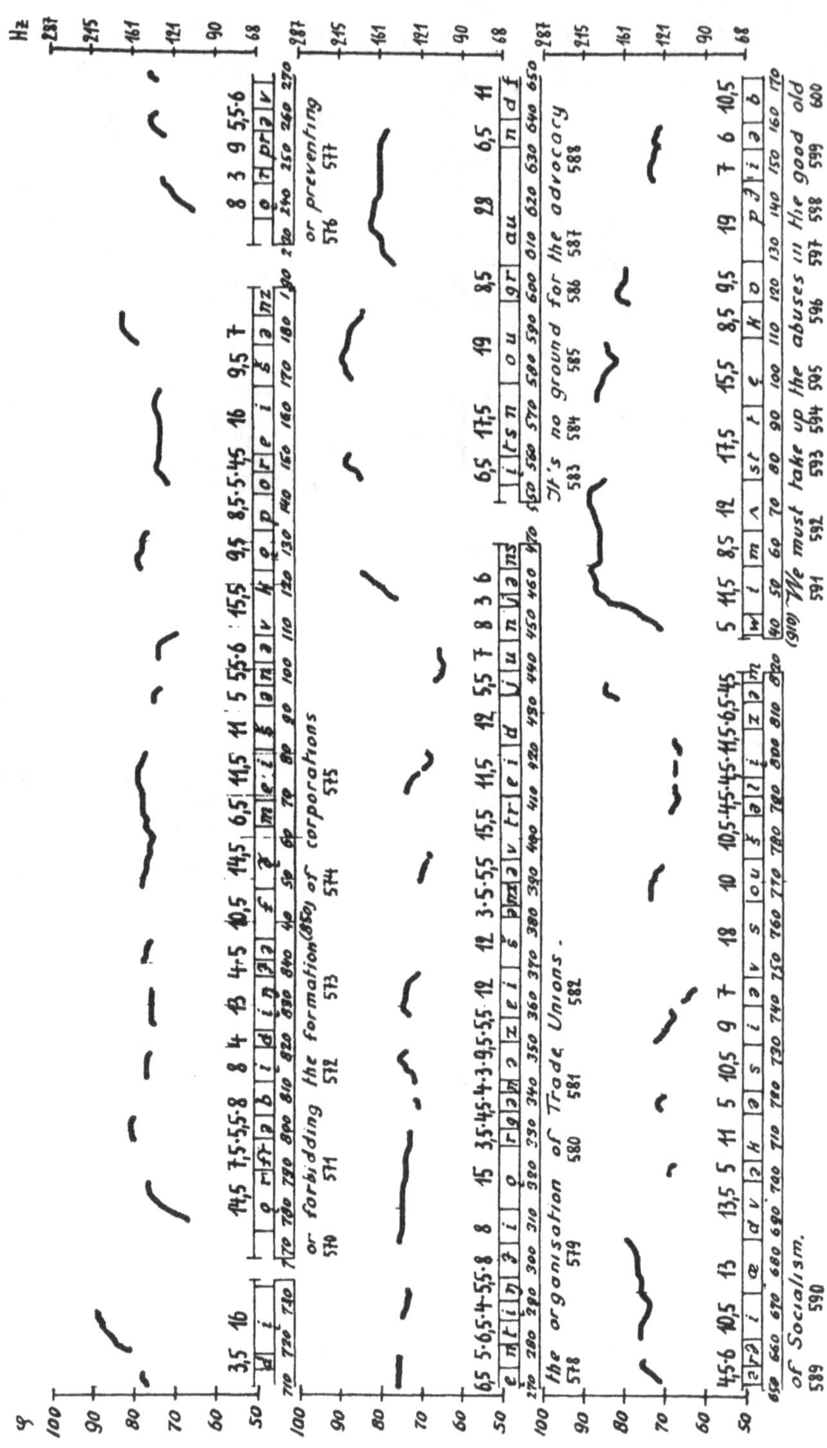

Hz
or forbidding the formation of corporations or preventing
the organisation of Trade Unions. It's no ground for the advocacy
of Socialism. We must take up the abuses in the good old

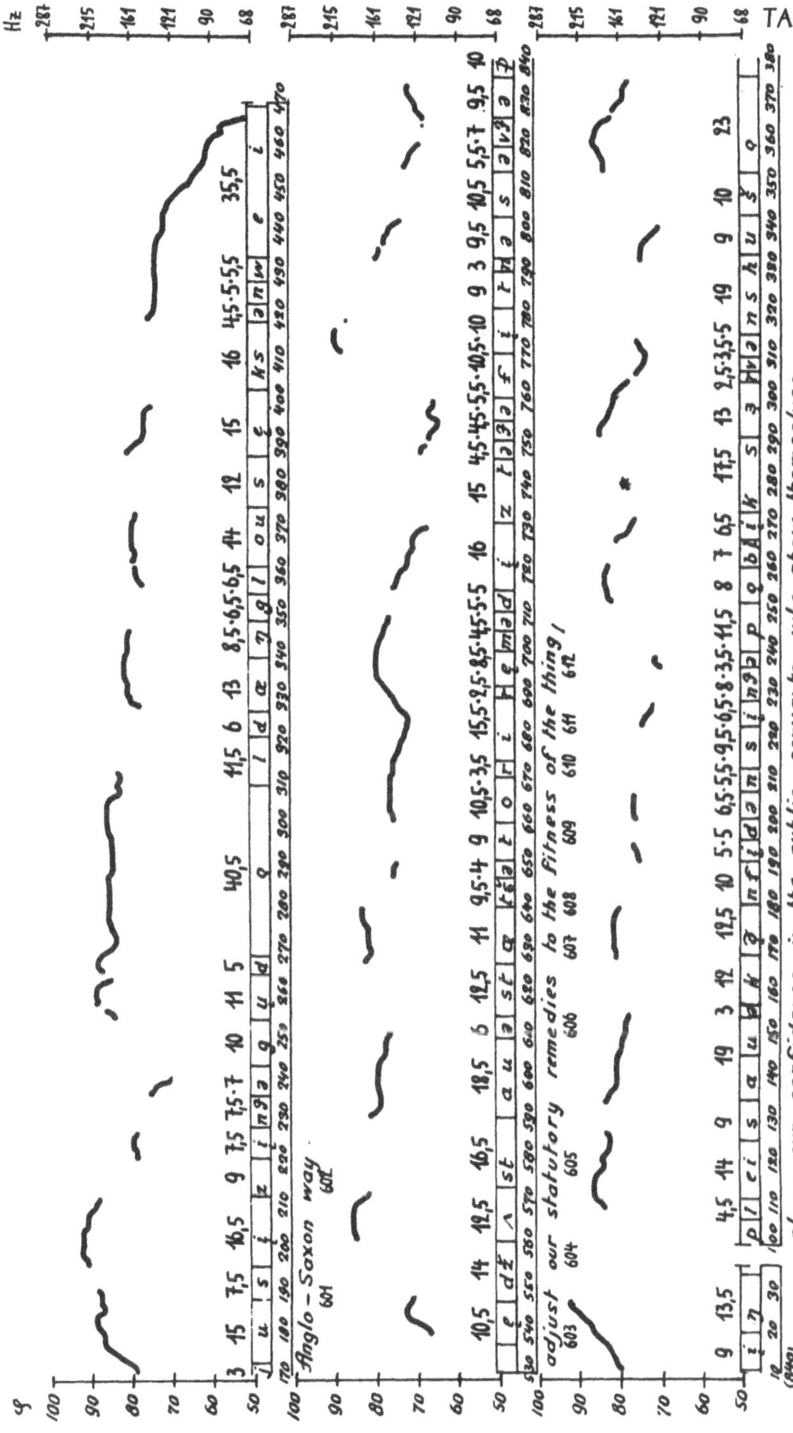
Anglo-Saxon way
adjust our statutory remedies to the fitness of the thing
place our confidence in the public servants who show themselves

TAFEL 78

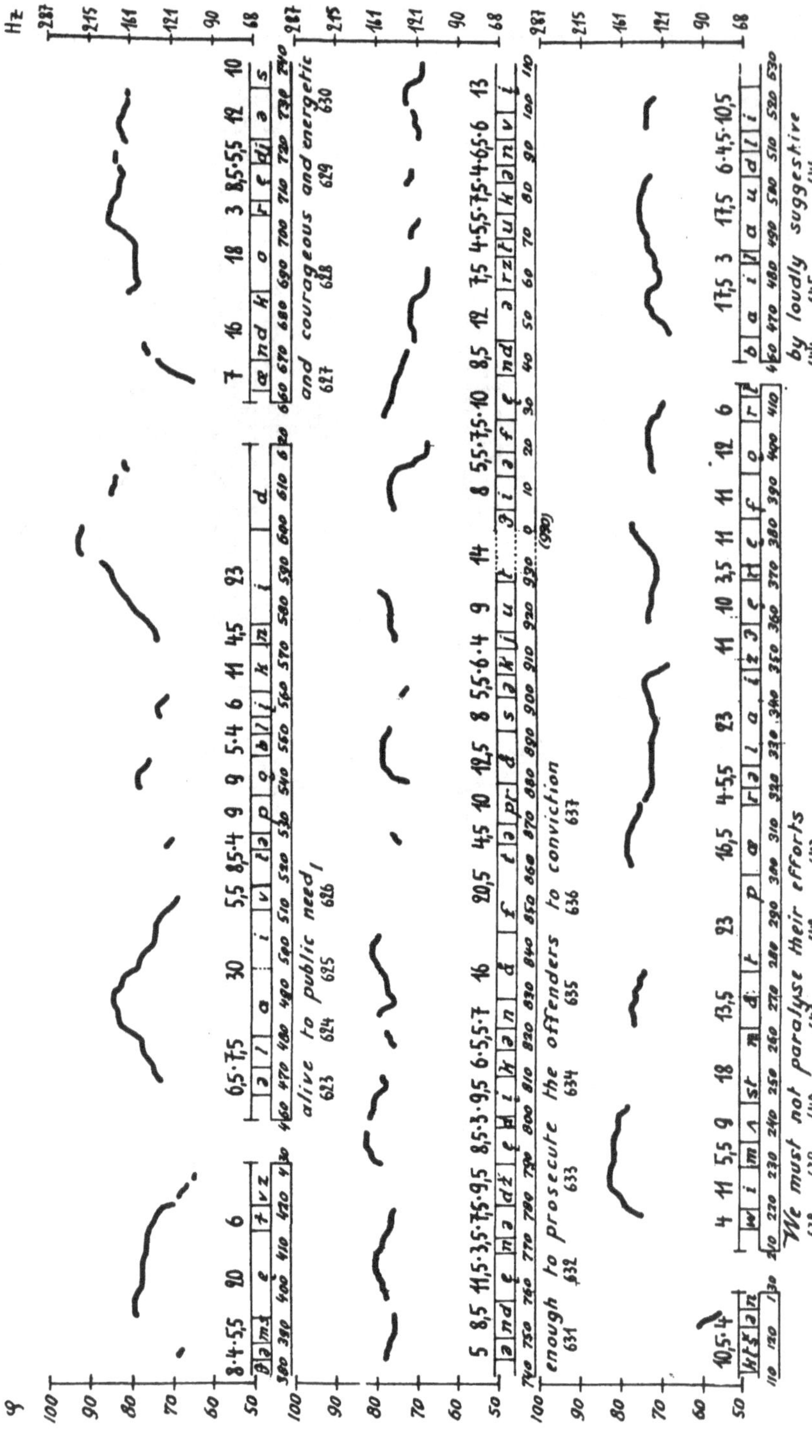

alive to public need, and courageous and energetic
enough to prosecute the offenders to conviction
We must not paralyse their efforts by loudly suggestive

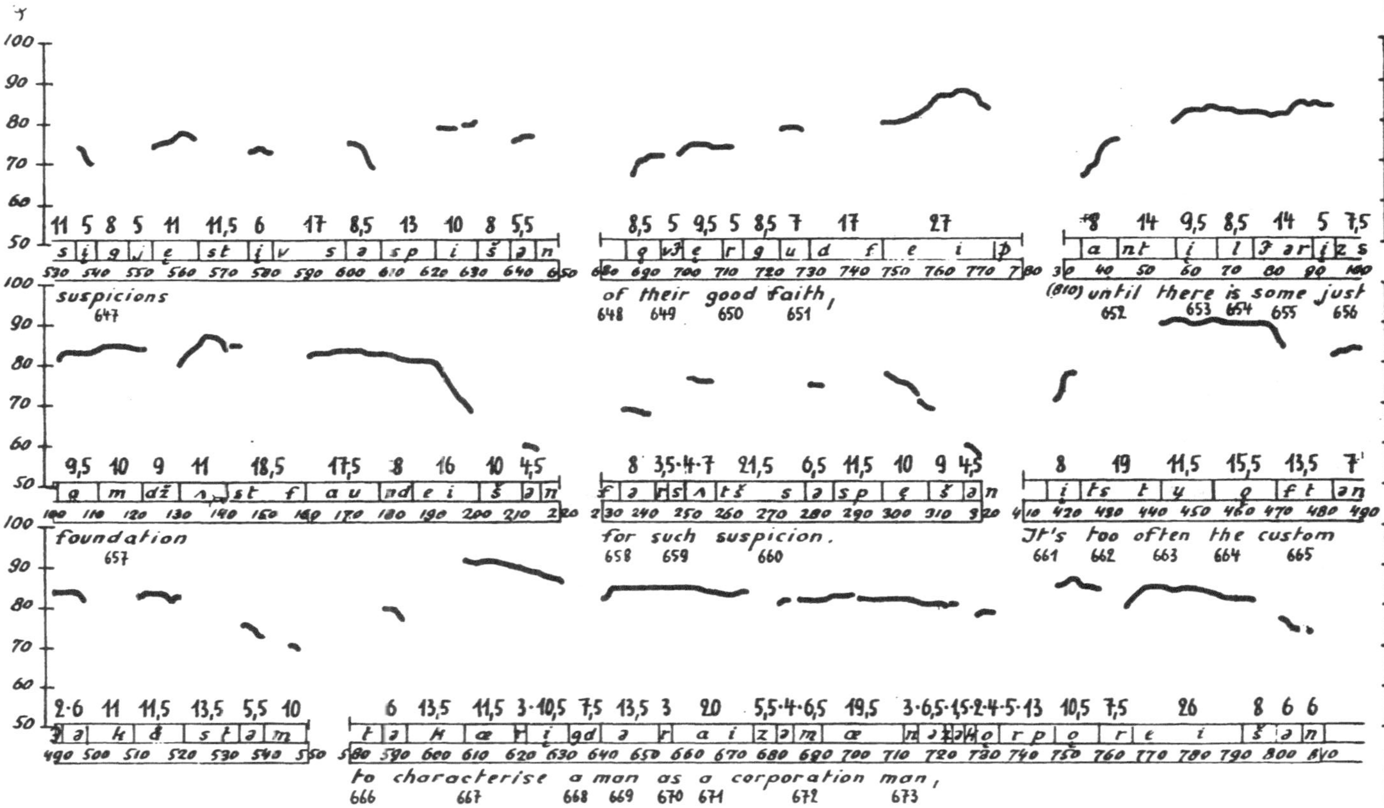
suspicions
of their good faith,
(810) until there is some just
foundation
for such suspicion.
It's too often the custom
to characterise a man as a corporation man,

TAFEL 80

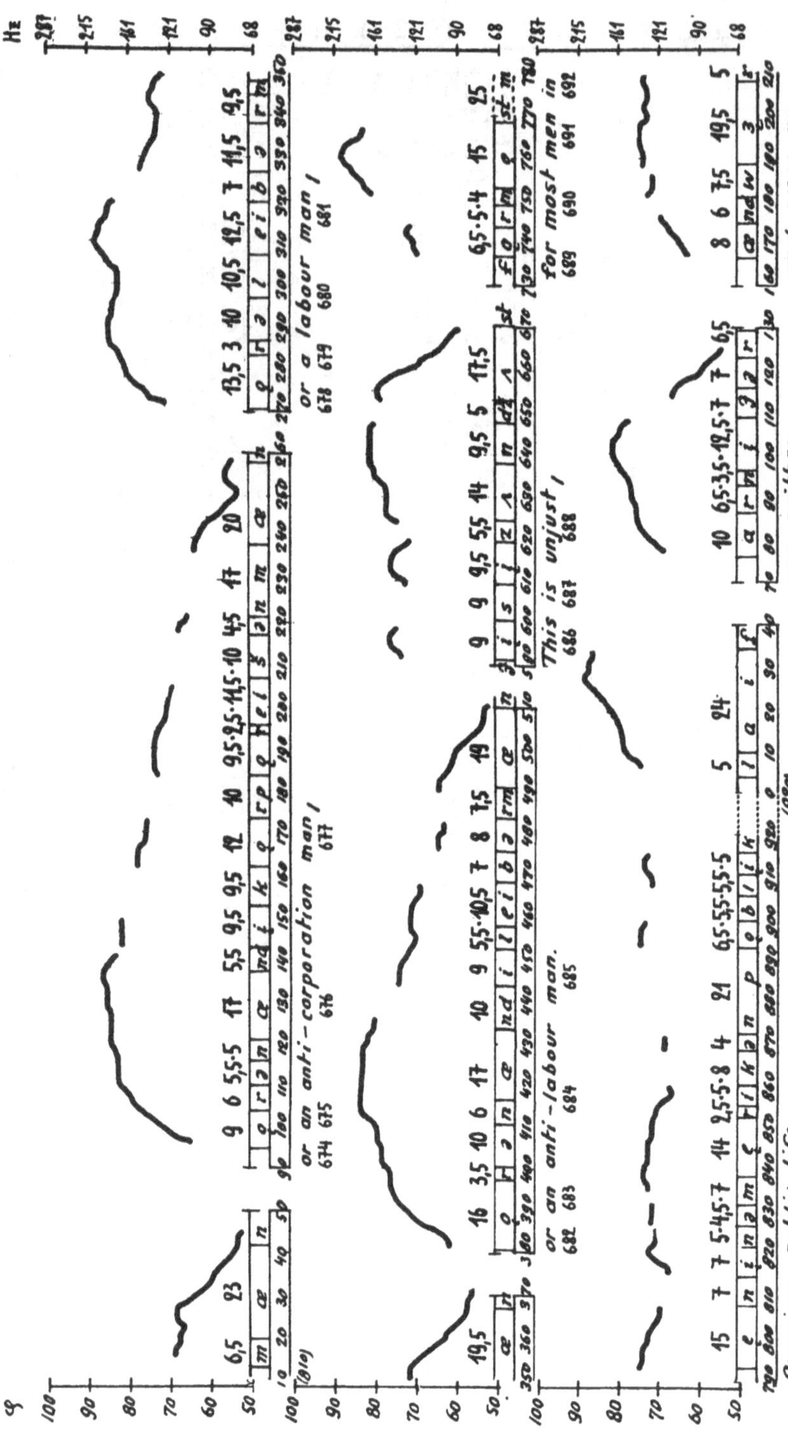
or an anti-corporation man,
or a labour man,
or an anti-labour man.
This is unjust,
for most men in
American public life
are neither,
and wear no

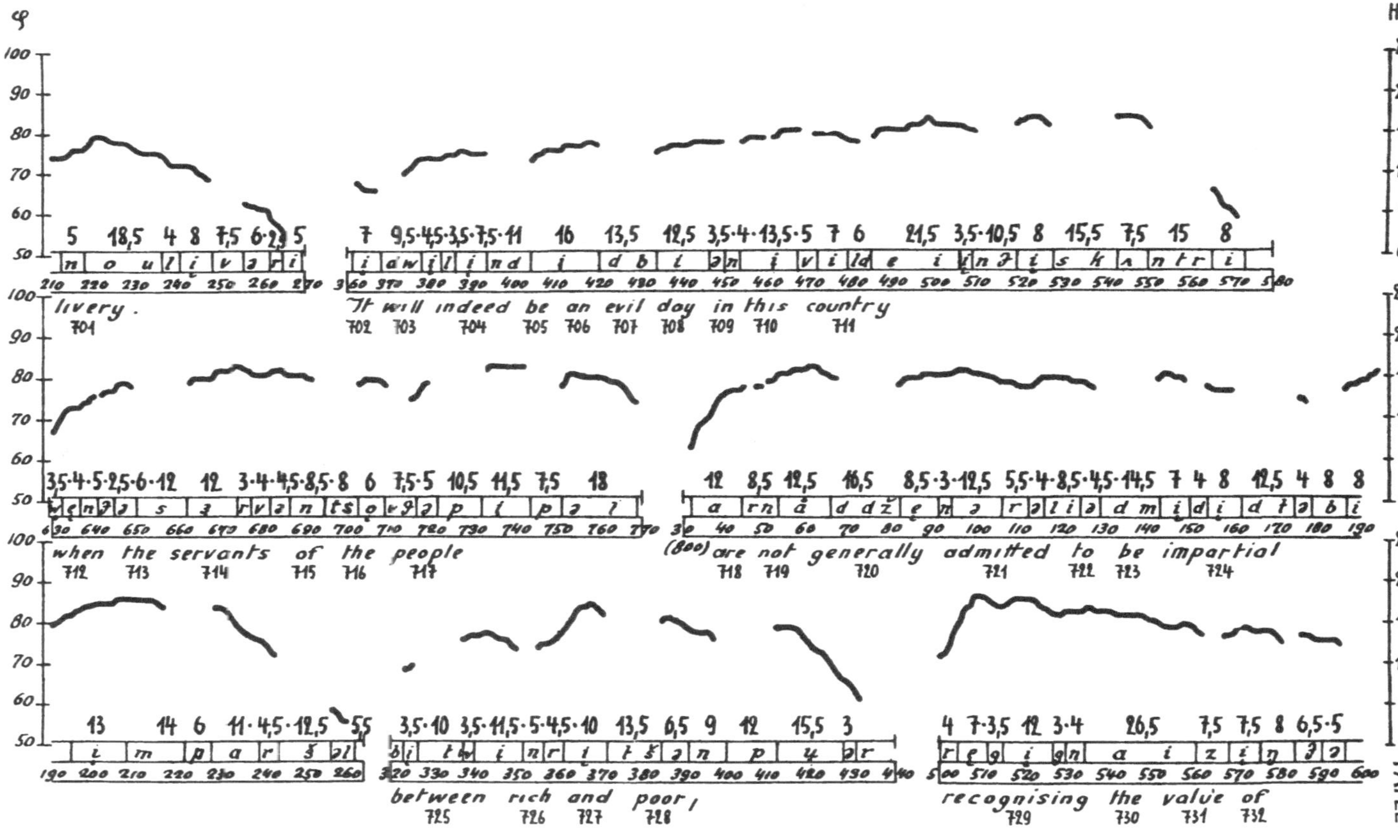
φ
Hz
livery.
701
It will indeed be an evil day in this country
702 703 704 705 706 707 708 709 710 711
when the servants of the people
712 713 714 715 716 717
(800) are not generally admitted to be impartial
718 719 720 721 722 723 724
between rich and poor,
725 726 727 728
recognising the value of
729 730 731 732

TAFEL 82

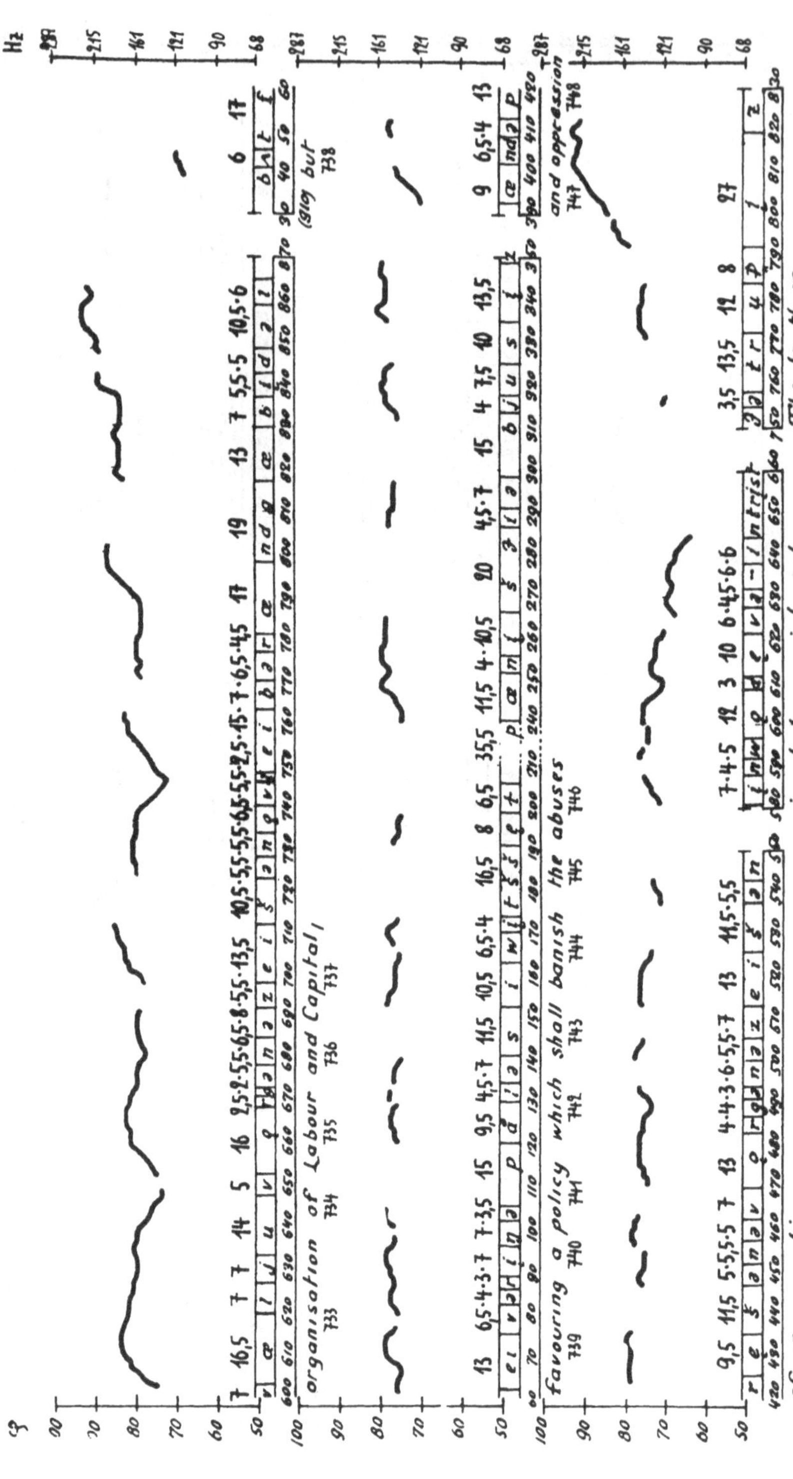
organisation of Labour and Capital (910) but
favouring a policy which shall banish the abuses and oppression
of organisation in whatever interests. The truth is

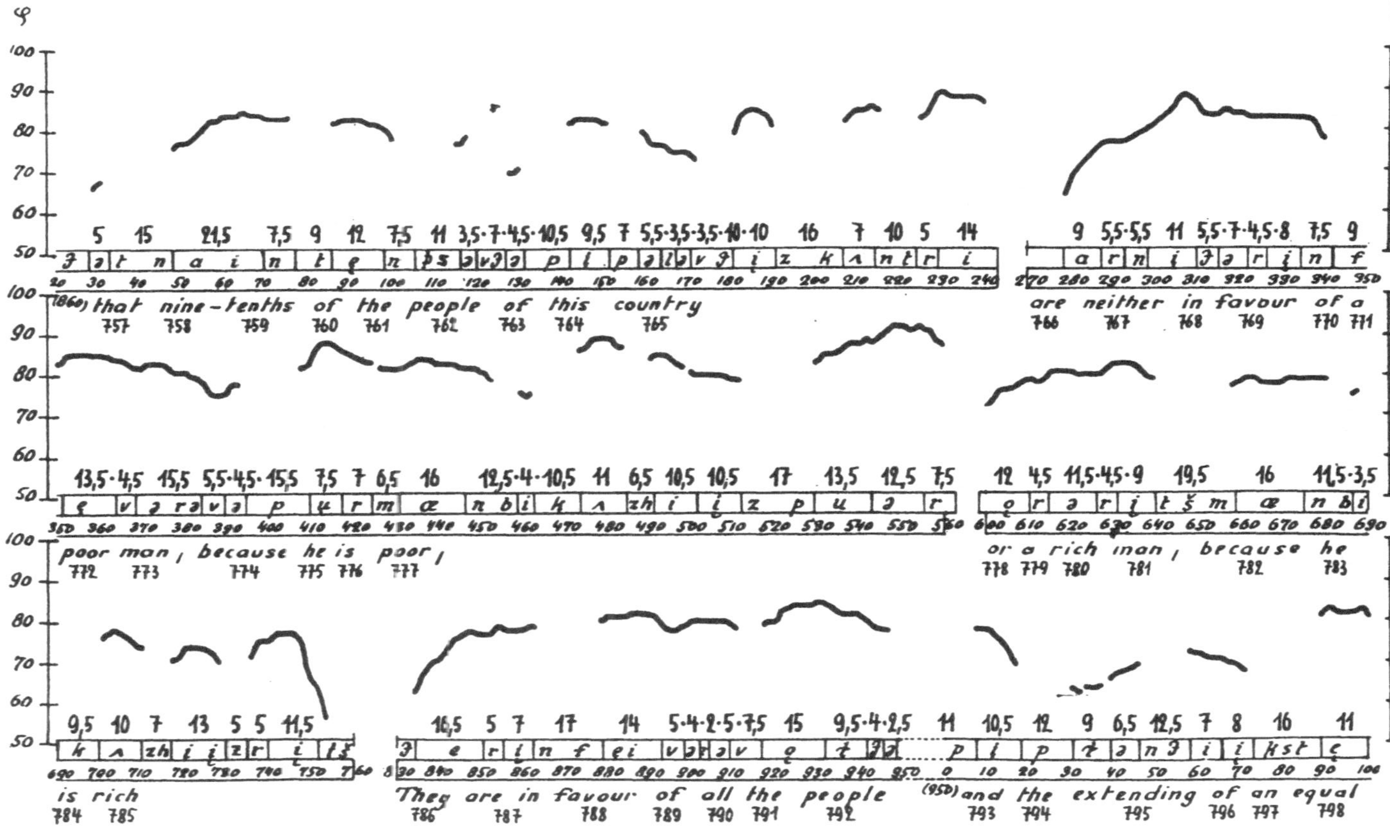

(860) that nine-tenths of the people of this country
are neither in favour of a
poor man, because he is poor,
or a rich man, because he
is rich
They are in favour of all the people
(950) and the extending of an equal

TAFEL 84

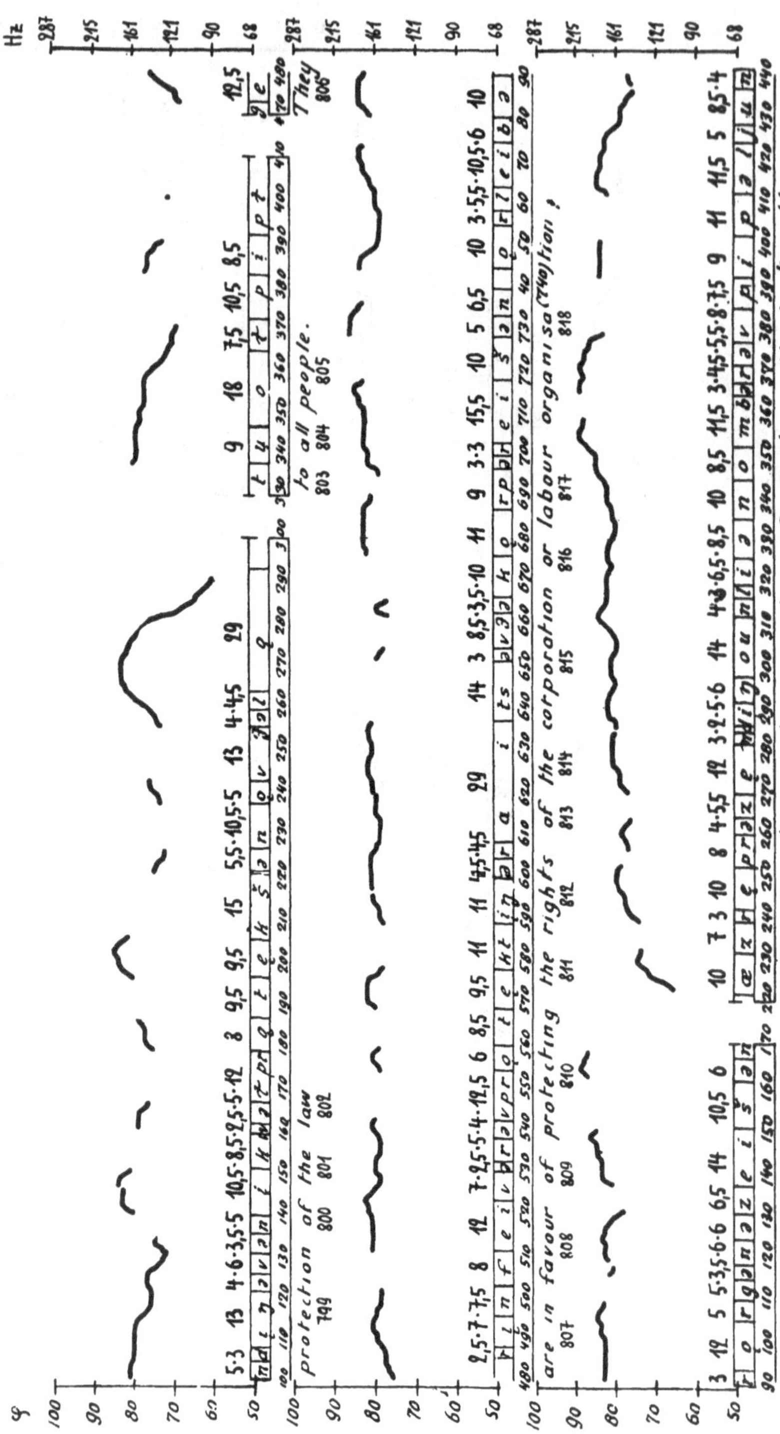

protection of the law
to all people.
They
are in favour of protecting the rights of the corporation or labour organisation;
as representing only a number of people united together

TAFEL 85

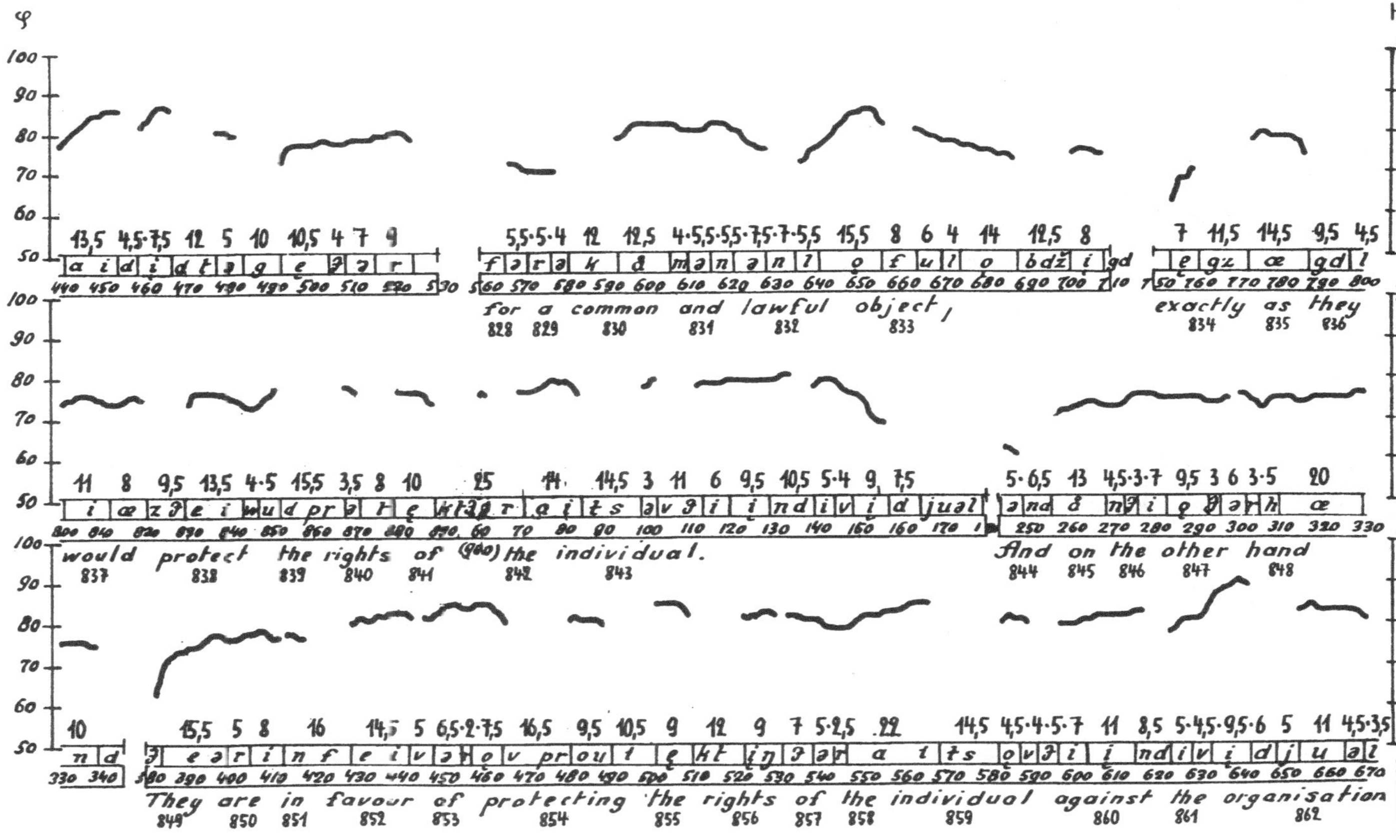
for a common and lawful object,
exactly as they
would protect the rights of the individual.
And on the other hand
They are in favour of protecting the rights of the individual against the organisation

TAFEL 86

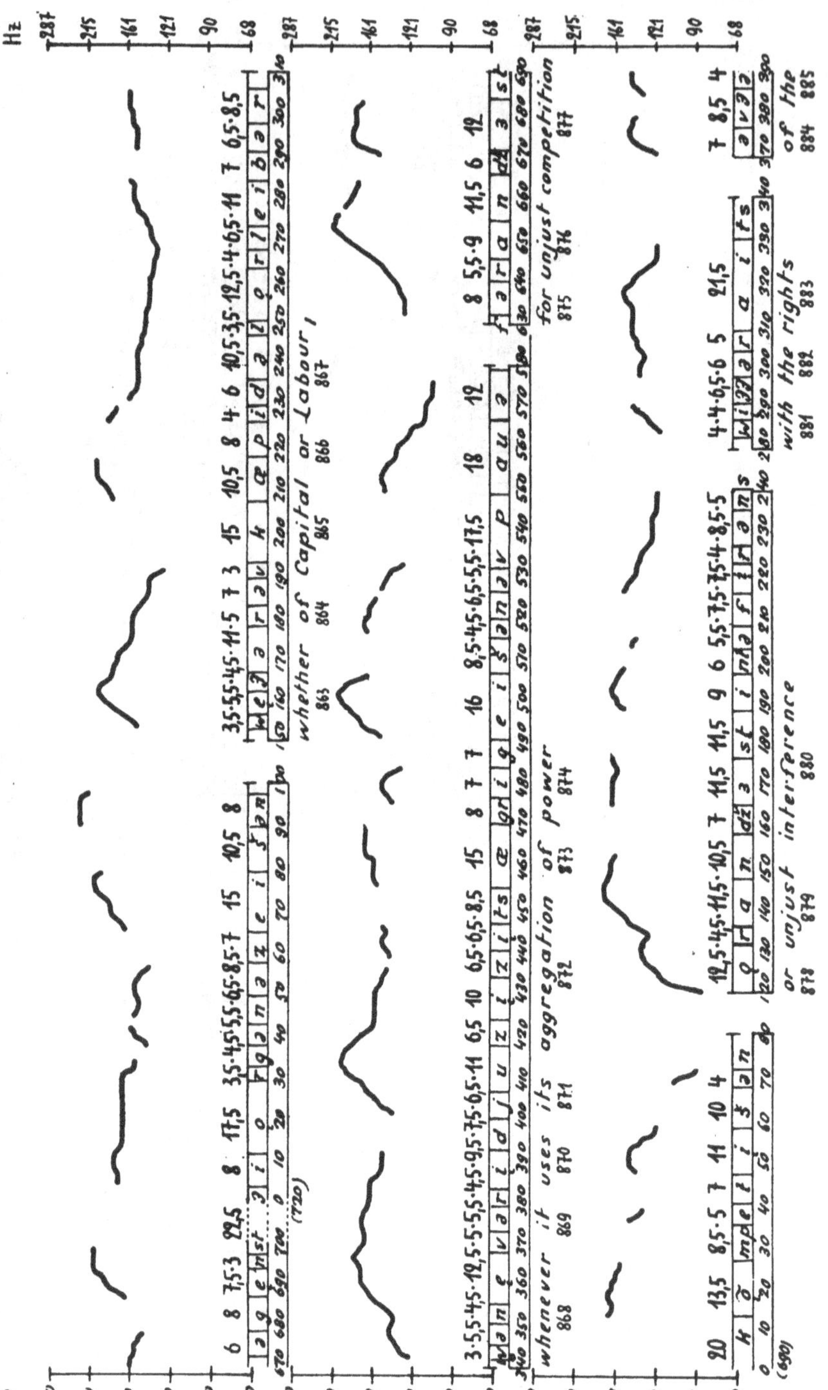

whether of Capital or Labour,
whenever it uses its aggregation of power
for unjust competition
or unjust interference
with the rights of the

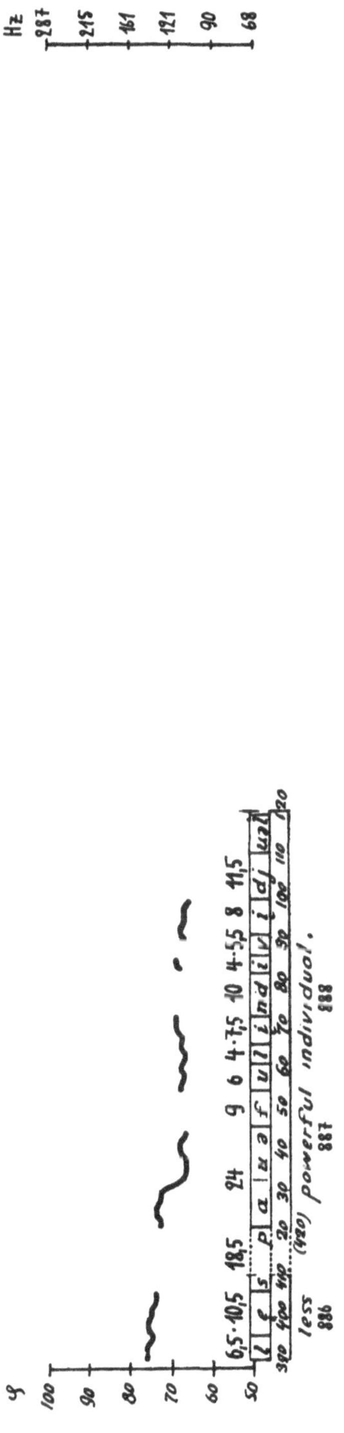
Hz
287
215
161
121
90
68
%
100
90
80
70
60
50
6,5·10,5 18,5 24 9 6 4·7,5 10 4·5,5 8 11,5
less
(420) powerful individual.
886
887
888

MIX
Papier | Fördert gute Waldnutzung
FSC® C083411

Kolibri 360 GmbH
Ferdinand-Jühlke-Straße 7
99095 Erfurt, Deutschland
produktsicherheit@kolibri360.de